群智能优化算法
——捕鱼算法原理及其应用

陈建荣　著

郑州大学出版社

图书在版编目(CIP)数据

群智能优化算法：捕鱼算法原理及其应用 / 陈建荣著. -- 郑州：郑州大学出版社，2025. 5. -- ISBN 978-7-5773-1044-2

Ⅰ. TP301.6

中国国家版本馆 CIP 数据核字第 20252U3K56 号

群智能优化算法——捕鱼算法原理及其应用

QUNZHINENG YOUHUA SUANFA——BUYU SUANFA YUANLI JIQI YINGYONG

策划编辑	祁小冬	封面设计	苏永生
责任编辑	李园芳	版式设计	苏永生
责任校对	董　强	责任监制	朱亚君

出版发行	郑州大学出版社	地　　址	河南省郑州市高新技术开发区长椿路 11 号(450001)
经　　销	全国新华书店		
发行电话	0371-66966070	网　　址	http://www.zzup.cn
印　　刷	河北虎彩印刷有限公司		
开　　本	787 mm×1 092 mm　1 / 16		
印　　张	9.25	字　　数	160 千字
版　　次	2025 年 5 月第 1 版	印　　次	2025 年 5 月第 1 次印刷

书　　号	ISBN 978-7-5773-1044-2	定　　价	49.00 元

本书如有印装质量问题，请与本社联系调换。

前言

作为一种群智能优化算法(swarm intelligence optimization algorithm, SIOA),捕鱼算法(fishing algorithm, FA)是通过模拟渔夫在江面上进行捕鱼作业的行为习惯而提出的。该算法最初版本采用三种基本的搜索策略,模拟了渔夫的捕鱼行为。例如,通过移动搜索策略来模拟渔夫在捕鱼时根据当前位置鱼的多少而决定是继续停留在当前位置撒网捕鱼还是移动到别的位置去捕鱼的行为习惯。捕鱼算法在原理上通俗易懂,算法流程简单清晰,易于编程实现,且其具备较好的鲁棒性、优良的并行性、较强的全局搜索能力和较高的求解精度。因此,该算法在提出之后得到了学者们较为广泛的关注和研究,并成功地解决了一些实际应用中的问题。

自 2009 年提出捕鱼算法之后,作者持续地对该算法进行思考和研究,并取得了一定的研究成果。本书是在作者多年来对捕鱼算法的原理、改进及其应用等方面所进行的一系列较为深入的研究的基础上撰写而成的,它汇集和体现了作者当前对捕鱼算法的研究进展和最新研究成果,同时也给出了算法的未来研究与展望,希望能起到抛砖引玉的作用。本书可以作为计算机科学与技术、人工智能、智能科学与技术、数据科学与大数据技术、大数据管理与应用等专业的高年级本科生、硕士研究生、博士研究生、教师和科研人员研究学习的参考书,也可供理工类其他专业人员、工作者或爱好者学习和参考。

全书共分为 11 章,其逻辑主线及章节内容组织如下。第 1 章为绪论,旨在引入捕鱼算法并介绍相关知识,主要讲述捕鱼算法的起源、思想、策略和研究现状。第 2 章至第 7 章主要研究如何将捕鱼算法及其改进用于解决连续优化问题(continuous optimization problem, COP)。具体为,第 2 章至第 4 章分别将捕鱼算法应用于函数优化、矩阵特征值和绝对值方程求解。第 5 章至第 7 章分别用不同的方法对捕鱼算法进行了改进,并将改进算法应用于求解函数优化、绝对值方程和约束优化问题。第 8 章和第 9 章主要研究将离散型的捕鱼算法用于解决离散优化问题(discrete optimization problem, DOP),即第 8 章和第 9 章将捕鱼算法离散化,并应用于 0-1 背包问题和旅行商问题的求解。第 10 章为结合算法的研究，即捕鱼算法与人工鱼群算法的结合与应用研究。第 11 章为总结与展望，对全书进行总结，并给出捕鱼算法未来可能的研究方向。全书各章节内容相对独立，方便读者查阅、选读或跳读。

本书为国家自然科学基金面上项目（编号 61976230）、广西自然科学基金项目（编号 2020GXNSFAA238028）、右江民族医学院校级科研课题（编号 yy2020gcky037）、2022 年度广西高等教育本科教学改革工程项目（编号 2022JGA292）、广西教育科学“十四五”规划 2022 年度教育评价改革专项课题（编号 2022ZJY462）和 2022 年度高校创新创业教育专项重点课题（编号 2022ZJY2799）的成果。

目前，国内外尚未有已出版的系统介绍捕鱼算法的书籍或资料，作者希望竭尽所能给读者提供一本既有理论分析又有实践结果的好书。然本人水平有限，加之时间紧促，书中难免存在错误和不当之处，恳请各位专家、学者及广大读者不吝批评与指正。作者邮箱（E-mail）：carl204@163.com。

陈建荣

2024 年 11 月

目录

第1章 绪 论

近年来，随着现代科学技术的飞速发展，特别是通用并行计算芯片的研发与技术突破，使得人工智能、大数据、云计算等新兴技术得到了广泛的关注、研究及应用。作为人工智能（artificial intelligence, AI）的重要研究分支之一，群智能优化算法（swarm intelligence optimization algorithm，SIOA）也自然成为越来越多研究者关注的焦点[1]。许多优化算法被提出和运用，如粒子群算法、蚁群算法、蝙蝠算法、人工免疫算法、人工鱼群算法、蜂群算法、混合蛙跳算法等。

简单而言，群智能优化算法是一种新兴的演化计算技术，它与人工生命，特别是进化策略以及遗传算法有着极为特殊的联系。自然界是人类最伟大的财富和思想源泉，其中许多自然形成的自适应优化现象不断地给予人们新的启示。通过观察发现，自然界中的许多群体，如鸟类、兽类、鱼类和昆虫等，经过长期的自然进化，会以一定（或特定）的方式来（自觉或不自觉地）实现群体目标，如捕猎或寻找食物等。群体中的每一个个体（成员）会通过学习（参考）其他个体的行为或经验，逐渐积累和形成自己（特有或普遍存在）的行为模式。基于上述这些现象，人们通过总结提出了各种各样的算法，即群智能优化算法，简称群智能算法。

值得注意的是，从本质上讲，群智能优化算法属于一种随机并行搜索算法，具有明显的并行性特征，特别适合现代分布式计算机或通用并行计算芯片的执行。此外，算法的鲁棒性也较传统算法好，能解决传统优化技术无法处理的问题[1]。

1.1 思想起源、基本假设与模型构建

1.1.1 思想起源

在国内外已有不少学者提出了基于模拟生物某些行为或习惯的具有智能特征的群智能优化算法，其中有不少取得了较为显著的成功。纵观已有的这些群智能优化算法，它们中的大多数都是通过模拟自然界中的鸟、兽、鱼、虫的群体行为而得到的。作为生物界当中最高级的动物——人类，经过长期的进化和发展，与其他生物相比，我们达到并拥有了极高水平的智能。然而，一个极具挑战性的问题在于：是否能够在人类社会当中找到一种较为常见的人类群体行为，其具有群智能的特点，且当中的原理简单易懂？简单而言，能否通过观察和模拟人类在日常生活当中的一些群体性的行为习惯而形成新的群智能优化算法呢？针对这一问题，作者进行了观察和尝试，并最终形成、确定和提出了捕鱼算法。

具体而言，作者通过观察和模仿渔夫群体在江面上撒网捕鱼的行为习惯，经过思考、归纳和总结，得出了采用捕鱼策略的优化算法（fishing strategy optimization algorithm，FSOA），简称捕鱼算法（fishing algorithm，FA）[1-3]。

1.1.2 基本假设

为了能够应用于解决优化问题，捕鱼算法的基本假设主要包括两个方面，一个是对捕鱼环境的假设，另一个是对渔夫捕鱼行为习惯的假设。

其中，捕鱼环境的假设包括如下两个方面：一是水中鱼的密度不会因为渔夫的捕鱼行为而改变，也即鱼在水中的密度不受渔夫捕鱼作业的影响；二是渔夫对水中鱼群的分布情况一无所知。

对渔夫捕鱼行为习惯的假设则包括下列五个方面：一是渔夫总是往鱼群密集的方向前进，以便能捕到更多的鱼；二是若当前渔夫所在位置鱼的密度比周围区域高，则渔夫会

停留在当前位置继续撒网捕鱼；三是为了能打捞更多的鱼，渔夫会使用网眼更小的渔网进行捕鱼作业；四是渔夫之间避免相互碰撞；五是若当前位置没有鱼或鱼的密度无变化，渔夫会到其他地方去撒网捕鱼。

1.1.3　模型构建

下面给出捕鱼算法的模型构建方法[1-3]。

(1)捕鱼区域的抽象

在江面上进行捕鱼作业的渔夫，虽然其移动的范围是在一个平面上(在有限范围内可以把江面近似为平面)，但其想要抓捕的鱼是位于江面以下的，也就是说，渔夫的捕鱼行为是在江面以上和以下这样一个三维空间里同时进行的。为了能将问题简化，也便于后续的编程实现，在捕鱼算法中对捕鱼区域进行了抽象。以二维的优化问题为例，将渔夫进行捕鱼作业的区域(即捕鱼区域)抽象为一个二维的平面，渔夫所有的捕鱼行动均表现和体现在这个二维平面上，该平面的范围对应于待优化问题的寻优空间(定义域)。显然，如果待优化的问题是三维的，那么捕鱼区域即是一个三维的空间。

(2)渔夫个体的抽象

现实中的渔夫是一个完整的个体，具有不同的性别、体型和质量等个性特征，但对于捕鱼算法而言，需要的仅仅是渔夫这个个体的位置及其行为习惯信息，并不需要对渔夫所具有的全部属性进行再现。于是，在捕鱼算法中，把渔夫群体中的每一个渔夫都无差别地抽象为一个无质量、无体积的点，同时，每一个点都对应该渔夫个体特有的行为习惯信息(如步长等)。这样做的好处是，每个渔夫对应的点能够在捕鱼区域内与其实际一一对应，该位置是渔夫当前所处的位置，也是渔夫当前进行捕鱼作业的位置，简称渔夫当前位置。容易得知，如果捕鱼区域(或问题的寻优空间)是一维的，那么代表渔夫位置的这个点就是一个实数；如果捕鱼区域是二维的，那么这个点就是一个二维向量，也就是平面上的一个点；如果捕鱼区域是三维的，那么这个点就是位于三维空间当中的一个三维向量；更高的维数依此类推。

(3)撒网捕鱼的抽象

就一般情况而言，渔夫撒网捕鱼，总是希望每次撒网能捕捉到尽可能多的鱼，而水中鱼的密度越大,每次撒网能捕捉到的鱼也就越多。在捕鱼算法中,为便于描述、使用和简化算法实现,将渔网抽象为一个无质量、无面积、无体积的点,并把这样的点称为渔网点或撒网点。撒网点由渔夫撒出,其与渔夫当前位置之间的轴向距离等于步长,撒网点均位于捕鱼区域(即优化问题的寻优空间)中。于是,渔夫的每一次撒网,都会在捕鱼区域内得到一个对应的撒网点集。显然,如果待优化问题是一维的,那么撒网点集会包含两个撒网点;如果待优化问题是二维的,那么撒网点集则可简化地包含八个撒网点。

不管是渔夫当前位置对应的点,还是渔夫的撒网点,它们都位于待优化问题的寻优空间(定义域)中,所以每一个点都对应优化问题的一个可行解。在捕鱼算法中,这个解的值就代表了这个点所在位置的鱼的密度。简单理解就是,解的值越大,对应点所在位置的鱼就越多;反之亦同。鱼的密度,在不引起歧义的情况下简称鱼密度。

(4)基本搜索策略

渔夫在江面上撒网捕鱼,刚开始时可能会很随意地选择江面上的一点撒下渔网,接着可能在当前位置继续撒网,也可能移动到其他位置尝试撒网,并根据所捕到鱼的多少来决定自己下一步的行动。于是,在捕鱼算法中,采用三种搜索策略对渔夫捕鱼的行为习惯进行相应的模拟,它们分别是移动搜索、收缩搜索和加速搜索。

移动搜索:在渔夫的撒网点集中找到鱼密度最大的那个点,如果该点对应的鱼的密度比渔夫当前位置鱼的密度大,那么渔夫将会移动到鱼密度最大的该点,并重新撒网而获得新的撒网点集。

收缩搜索:在渔夫的撒网点集中找到鱼密度最大的那个点,如果该点对应的鱼的密度比渔夫当前位置鱼的密度小,那么渔夫将会缩短自己的步长,并重新撒网而获得新的撒网点集。

加速搜索:如果渔夫经过多次收缩搜索未找到鱼密度更高的点(或周围鱼的密度变化不大),且该渔夫当前位置的鱼密度并非整个渔夫群体中的最大值,那么该渔夫将离开当前位置去其他地方重新开始捕鱼作业。

1.2 捕鱼算法研究现状

自2009年提出以来,捕鱼算法得到了越来越多学者的关注和研究。从已公开发表的文献来看,研究人员在算法的改进、结合及应用方面均取得了较为丰富的成果[4-48]。简单而言,捕鱼算法及其改进或结合算法在生产和生活中的多个领域的运用均显示出了较好的性能和效果。例如,多目标无功优化[9-12]、求解矩阵特征值[19]、计算静态电压稳定裕度[23-25]、配电网络重构[26-29]、无线电频谱分配[30]、变电站规划[31]、高炉料面传感器布置[32]、机组组合优化[33]、视频检索[34]、水资源预测[35]、微博热点话题预测[36]、传感器节点定位[37-38]、物联网安全分析[39]、0-1背包问题[42]、TSP问题[43]、运动员成绩预测[44]、城市需水量预测[45]等方面。

目前,与捕鱼算法相关的研究成果仍在不断增加,其应用领域也在不断扩展。

1.3 本书的体系结构

本书对捕鱼算法的原理及其应用进行了系统介绍,各章节主要包括以下内容。

第1章 绪论。主要讲述捕鱼算法的思想起源、基本假设、模型构建和研究现状。

第2章 捕鱼算法在函数优化中的应用。详细介绍了捕鱼算法的数学模型,并使用多极值函数对算法性能进行测试与验证。

第3章 捕鱼算法在矩阵特征值求解中的应用。使用捕鱼算法解决传统算法难以解决的矩阵特征值问题。根据圆盘定理以及矩阵特征值的性质,将求解特征值的问题转化为最小化问题。即通过圆盘定理确定寻优区域,然后用捕鱼算法在复数域内求解任意数值矩阵特征值的近似值。

第4章 捕鱼算法在绝对值方程求解中的应用。将捕鱼算法用于求解绝对值方程问题。首先将原问题转化为一个最小化问题,然后使用三种搜索策略对目标函数进行寻优。数值实验结果表明,与粒子群算法和人群搜索算法以及它们的改进算法相比,捕鱼算法在各项性能指标上均明显优于其他对比算法。

第 5 章　改进捕鱼算法在函数优化中的应用。在分析捕鱼算法不足的基础上,对算法进行改进,加入了新的搜索策略,提高了算法的性能,并将其应用于解决多极值函数的优化问题。

第 6 章　改进捕鱼算法在绝对值方程求解中的应用。在分析捕鱼算法不足的基础上,提出了一种求解绝对值方程的改进捕鱼算法。该算法通过使用新的撒网方法来降低计算机内存消耗并减少计算量,从而提高算法性能。数值实验结果表明,在求解高维绝对值方程时,与捕鱼算法相比,改进捕鱼算法具有内存占用低、运行速度快等优点;与粒子群等群智能算法相比,改进捕鱼算法在求解精度等各项指标上均优于其他对比算法。

第 7 章　改进捕鱼算法在约束优化问题中的应用。在对捕鱼算法迭代过程进行分析的基础上,提出了一种自适应精英捕鱼算法。该算法通过采用自适应撒网半径设置策略和精英个体保留策略来提高算法搜索性能。对三个经典工程设计问题实例的测试结果表明,改进算法在收敛速度、求解精度和稳定性方面均有明显提高。

第 8 章　二进制捕鱼算法及其改进在 0-1 背包问题中的应用。将二进制编码引入捕鱼算法中,提出二进制捕鱼算法。同时,结合算法本身的特点,添加靠近搜索方法,改善渔夫之间的协作效果;借鉴贪心算法和轮盘赌的思想,设计贪心轮盘赌策略,并结合随机比例参数来优化算法初值;引入自适应半径系数来解决步长参数设置的问题,进而提出了一种改进二进制捕鱼算法。实验结果表明,对于常用算例而言,与其他群智能算法相比,改进二进制捕鱼算法能找到全部问题的最优解,且在总体性能上看较优;对于 100 维及以上的高维背包问题而言,改进算法在求解精度、稳定性、收敛速度、运行耗时等方面均具有明显优势。

第 9 章　离散捕鱼算法在旅行商问题中的应用。针对典型离散优化问题旅行商问题,提出了一种离散捕鱼策略优化算法。结合 TSP 问题的特点,首先给出渔夫个体的离散编码方法,并在此基础上提出相异集和交换操作的基本概念。然后对渔夫个体之间的距离进行重新定义,接着对渔夫个体的几种搜索策略进行重新描述。最后在 TSPLIB 标准库中选取三个算例对算法进行性能测试。实验结果表明,离散捕鱼策略优化算法在求解 TSP 问题时,具有求解精度高、稳定性好、运行速度快等优点。

第 10 章　捕鱼算法和人工鱼群算法的结合与应用。主要介绍了捕鱼算法与人工鱼群算法结合的研究及其在实际中的应用。在分析人工鱼群算法和捕鱼算法存在不足的基础上,提出了一种人工鱼群算法(AFSA)与捕鱼算法(FSOA)相结合的混合算法。该算法在优化初期使用 AFSA 算法搜索局部最优域,而在优化后期则使用 FSOA 算法在优化前期所初步确定的局部最优域中搜索最优解。实验计算结果表明,该算法具有优化精度高、收敛速度快的特点。

第 11 章　总结与展望。主要对全书进行总结,并给出捕鱼算法的未来研究方向。

此外,全书各章节内容相对独立,以方便读者查阅、选读或跳读。本书的组织结构如图 1-1 所示。

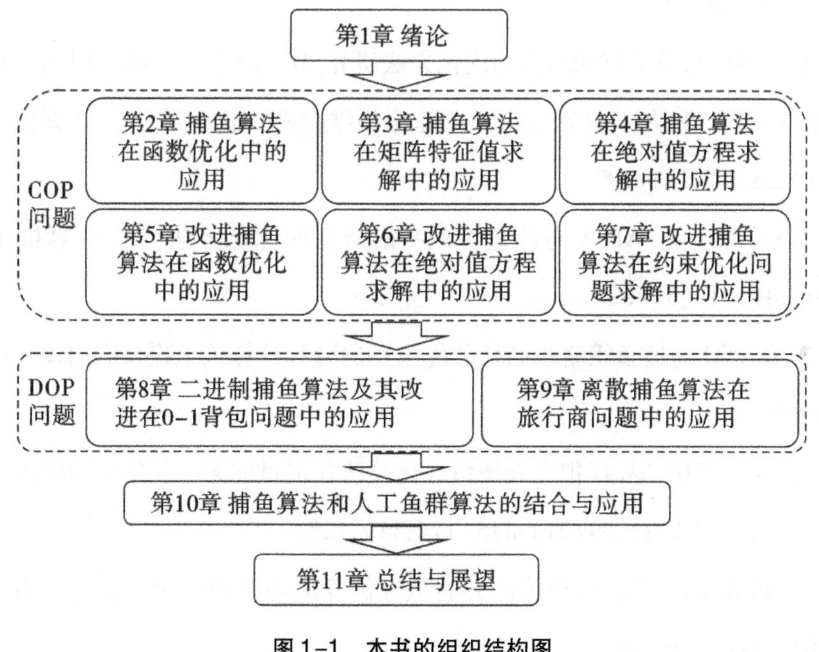

图 1-1　本书的组织结构图

1.4　本章小结

本章首先讲述了群智能优化算法的含义,以及算法的特点和研究背景。接着对捕鱼算法的起源、思想、策略及模型构建进行了阐述，同时也给出了算法的研究现状。最后对全书内容进行简单介绍，并给出组织结构图。

参考文献

[1]陈建荣.群智能优化算法研究及其应用[D].南宁:广西民族大学,2009.

[2]陈建荣,王勇.采用捕鱼策略的优化方法[J].计算机工程与应用,2009,45(9):53-56.

[3]王勇,陈建荣,庞兴.一种模拟渔夫捕鱼的寻优算法[J].计算机应用研究,2009,26(8):2888-2890,2907.

[4]王勇,庞兴.一种采用动态策略的模拟捕鱼优化方法[J].山东大学学报(工学版),2010,40(3):19-25.

[5]庞兴.捕鱼策略与粒子群相结合的优化方法研究[D].南宁:广西民族大学,2010.

[6]陈建荣,王勇.一种人工鱼算法与捕鱼算法相结合的优化方法[J].计算机应用与软件,2011,28(4):196-199.

[7]邓辉,王勇,陈士亮.AFSA与改进FSOA相结合的优化方法[J].计算机工程与应用,2011,47(31):57-62.

[8]庞兴,王勇.PSO与捕鱼策略相结合的优化方法[J].计算机工程与应用,2011,47(8):36-40,50.

[9]王汝田,杨亮,王彬,等.模拟渔夫捕鱼寻优算法在多目标无功优化中的应用[J].电力系统保护与控制,2011,39(21):115-117,119,125.

[10]王秀云,杨龑亮,王彬,等.模拟渔夫捕鱼寻优算法的无功优化[J].东北电力大学学报,2011,31(2):62-66.

[11]杨龑亮,曾淑珍.SFOA算法在电力系统多目标无功优化的应用[J].南方电网技术,2011,5(6):55-59.

[12]杨龑亮.基于改进GPSO和SFOA算法的无功优化研究[D].吉林:东北电力大学,2011.

[13]陈建荣,陈建华,王勇.一种改进的模拟捕鱼寻优算法[J].计算机工程与应用,

2011,47(34):47-50.

[14]陈士亮,王勇,陈建荣.一种采用随机探测策略的改进 FSOA[J].计算机工程与应用,2011,47(26):49-52.

[15]何德牛,王勇,管忆军.采用随机探测的改进 FSOA[J].计算机工程与应用,2011,47(36):44-46.

[16]邓辉.基于捕鱼策略的优化算法研究[D].南宁:广西民族大学,2011.

[17]陈士亮.捕鱼策略优化方法的改进及其应用研究[D].南宁:广西民族大学,2011.

[18]何德牛.基于捕鱼策略的优化方法改进研究[D].南宁:广西民族大学,2012.

[19]陈建荣,陈建华,王勇,等.求解矩阵特征值的捕鱼算法[J].计算机工程与应用,2012,48(20):55-58,80.

[20]李景洋.粒子群优化算法与捕鱼策略优化算法的改进研究[D].南宁:广西民族大学,2013.

[21]李景洋,王勇,路闯.具有认知能力的捕鱼策略优化算法[J].计算机应用研究,2013,30(1):124-126,157.

[22]李景洋,王勇,李春雷.自调整的捕鱼策略优化算法[J].计算机工程与科学,2014,36(5):923-928.

[23]刘海龙,尚莹,朱学军,等.动态连续潮流计算静态电压稳定裕度的沿途捕鱼算法[J].黑龙江电力,2013,35(4):299-302.

[24]李娟,刘海龙.动态连续潮流与改进捕鱼算法结合计算静态电压稳定裕度[J].华北电力大学学报(自然科学版),2013,40(3):11-16.

[25]刘海龙.动态连续潮流与 ISFOA 结合计算静态电压稳定裕度[D].吉林:东北电力大学,2014.

[26]易波,刘建华,周雄,等.基于二次协作优化方法的配电网重构[J].电力科学与技术学报,2012,27(4):46-50,56.

[27]易波.基于二次协作优化方法的配电网重构[D].长沙:长沙理工大学,2013.

[28]徐敏,戴薇.基于渔夫捕鱼优化算法的配电网络重构[J].电测与仪表,2015,52(13):43-47.

[29]戴薇.配电网重构新方法的研究[D].南昌:南昌大学,2016.

[30]项响琴,张沪寅.渔夫捕鱼优化算法的认知无线电频谱分配[J].计算机工程与应用,2014,50(6):72-76.

[31]王泽黎.基于小生境渔夫捕鱼算法的变电站规划[J].电力系统保护与控制,2014,42(16):84-88.

[32]苗亮亮,陈先中,侯庆文,等.高炉料面传感器布置的混沌捕鱼策略[J].仪器仪表学报,2014,35(1):132-139.

[33]库波.改进捕鱼算法及其在机组组合优化问题中的应用[J].电气应用,2015,34(12):156-159.

[34]张凤梅,邹丽.捕鱼算法优化支持向量机的视频检索模型[J].计算机与数字工程,2015,43(2):264-268.

[35]潘长森,王小亭,梁晓龙.基于支持向量机的水资源预测模型[J].成都信息工程学院学报,2015,30(1):59-62.

[36]姬建新.捕鱼算法优化核极限学习机的微博热点话题预测[J].激光杂志,2015,36(1):128-131.

[37]谢怡文,赵刚.基于改进单锚节点的无线传感器网络节点定位算法[J].计算机应用与软件,2015,32(11):147-150.

[38]谢洪,王大溪.基于渔夫捕鱼-最小二乘支持向量机的传感器节点定位的研究[J].科技通报,2016,32(10):160-163.

[39]姚琛.参数联合优化的物联网安全分析与研究[J].内蒙古师范大学学报(自然科学汉文版),2016,45(5):664-666,670.

[40]梁晓龙,李祚泳,汪嘉杨.蜜蜂进化遗传与捕鱼策略相结合的优化算法[J].数学的实践与认识,2016,46(17):143-148.

[41]王晓伟.基于捕鱼策略的蝙蝠优化算法[J].科技经济导刊,2017(13):2.

[42]陈建荣.求解0-1背包问题的改进二进制捕鱼算法[J].计算机技术与发展,2023,33(5):187-193.

[43]陈建荣,陈建华.求解TSP问题的离散捕鱼策略优化算法[J].计算机科学,2017,44

(S1):139-140,160.

[44]尚谭伟.捕鱼算法优化极限学习机的运动员成绩预测[J].现代电子技术,2017,40(15):97-100.

[45]郑辉,梁晓龙,刘东岳.捕鱼策略优化SVR的城市需水量预测模型[J].石家庄职业技术学院学报,2021,33(4):18-22.

[46]陈建荣,陈建华.求解约束优化问题的自适应精英捕鱼算法[J].信息技术,2019,43(4):91-95.

[47]陈建荣,陈建华.求解绝对值方程的改进捕鱼算法[J].现代计算机,2021,27(32):27-32.

[48]陈建荣,陈建华.求解绝对值方程的捕鱼算法[J].计算机时代,2022(2):72-75.

第2章　捕鱼算法在函数优化中的应用

优化技术是一种以数学为基础、用于解决各种工程问题最优解或满意解的应用技术。由于在实际工程中常常遇到大规模、强约束、非线性、多极小、多目标等问题，因而寻求一种适用于大规模问题的具有智能特征的并行算法已经成为相关学科的主要研究目标和研究热点之一。针对工程问题中的诸多复杂性对优化技术或方法所带来的挑战，世界上不少科学家已提出了各种富有创造性的优化技术或方法。如 John Holland[1] 提出了模拟大自然生物进化的遗传算法，王凌等[2] 和 Eberhart 等[3] 提出了模仿鸟类觅食行为的微粒群优化算法（particle swarm optimization，PSO），Theraulaz 等[4,5] 提出了蜂群算法（wasp colony algorithm，WCA），Eusuffm 等[6] 则提出了混合蛙跳算法（shuffled frog leaping algorithm，SFLA），李晓磊等[7] 则提出了人工鱼群算法（AFSA）等。总之，针对优化问题而进行的有智能特征的并行算法的研究，越来越受到计算机界学者的重视。

函数优化是数学和工程领域中的一个核心问题，旨在寻找函数的最大值或最小值。它广泛应用于机器学习、信号处理、控制理论、经济学等众多领域。函数优化问题通常可以表示为：在给定的约束条件下，找到一组自变量值，使得目标函数达到最优（最大或最小）。

优化技术和函数优化是相互依存、协同发展的紧密关系，函数优化为优化技术提供核心问题框架与目标导向，优化技术则为函数优化提供具体求解手段与实现路径，二者在理论、方法及应用层面深度交织，共同推动多个领域的发展。

本章将对捕鱼算法进行详细的介绍，并使用多极值函数测试其性能。

2.1 采用的策略和方法

2.1.1 基本策略

渔夫在江面上撒网捕鱼,刚开始时随机地选择江面上一点撒下渔网,然后在当前位置的前后左右再各撒一次网。渔夫撒网捕鱼,总希望每次撒网能捕捉到更多的鱼。而水中鱼的密度越大,每次撒网能捕捉到的鱼也就越多。因而,渔夫选择在何处撒网,是基于如下准则:①渔夫总是往鱼群密集的方向前进,以便能捕到更多的鱼;②若当前渔夫所在位置鱼的密度比周围区域高,则渔夫停留在当前位置继续撒网捕鱼;③为了能捕捉到更多的鱼,渔夫会使用网眼更小的渔网捕鱼;④渔夫之间避免相互碰撞;⑤若当前位置没有鱼或鱼的密度无变化,渔夫会到其他地方去撒网捕鱼。

这里假设渔夫事先对作业区 D 中鱼的分布情况一无所知,且作业区 D 中鱼的分布情况(即分布密度)不因渔夫在 D 中捕鱼而发生改变。本章基于渔夫捕鱼行为习惯而提出了一种模仿渔夫捕鱼行为特征的搜索方法:设在渔夫捕鱼作业区 D(即搜索空间)中随机分布有一群渔夫,他们各自在 D 中随机选取一点撒下渔网。然后各个渔夫在自己当前位置的前后左右再各撒下一次网。各个渔夫依据自己所处的环境独立选择移动搜索、收缩搜索和加速搜索。

设 $D = D_1 \times D_2 \times \cdots \times D_n$ 为有限闭区域, $X = (x_1, x_2, \cdots, x_n) \in D$ 为状态, $x_j \in D_j = [a_j, b_j]$, $j = 1, 2, \cdots, n$, $f(X)$ 为 D 上的连续目标函数(即水中鱼的密度度量函数)。渔夫的目标就是寻找 $f(X)$ 在 D 中的最优点或最优值。

设初始时在 D 中随机分布有 k 个渔夫捕鱼,他们在 D 中随机地选择一点撒下渔网。设 i 渔夫初始位置和初次撒下渔网点为 $P_0^{(i)} = (x_{01}^{(i)}, x_{02}^{(i)}, \cdots, x_{0n}^{(i)})$(我们将下渔网点抽象为无体积的点,用以表征问题的候选解)。i 渔夫在初始位置 $P_0^{(i)}$ 的前后上下左右再各撒下渔网一次,从而得到其以点 $P_0^{(i)}$ 为“中心”的撒下渔网点集:

$$\Omega_0^{(i)} = \{X^{(i)} = (t_1^{(i)}, t_2^{(i)}, \cdots, t_n^{(i)}) \mid t_j^{(i)} \in \{x_{0j}^{(i)} - l_i^{(-)}, x_{0j}^{(i)}, x_{0j}^{(i)} + l_j^{(+)}\}, j = 1, 2, \cdots, n\}$$ 。

其中，$x_{0j}^{(i)} \in D_j$，$l_j^{(-)} \geqslant 0$，$l_j^{(+)} \geqslant 0$，$x_{0j}^{(i)} - l_j^{(-)} \in D_j$，$x_{0j}^{(i)} + l_j^{(+)} \in D_j$。并且当 $x_{0j}^{(i)} = a_j$ 时，取 $l_j^{(-)} = 0$ 且 $l_j^{(+)} < b_j - x_{0j}^{(i)}$；当 $x_{0j}^{(i)} = b_j$ 时，取 $l_j^{(+)} = 0$ 且 $l_j^{(-)} < x_{0j}^{(i)} - a_j$；当 $x_{0j}^{(i)} \neq a_j$ 且 $x_{0j}^{(i)} \neq b_j$ 时，则取 $l_j^{(-)} < x_{0j}^{(i)} - a_j$ 且 $l_j^{(+)} < b_j - x_{0j}^{(i)}$，$i = 1,2,\cdots,k$，$j = 1,2,\cdots,n$。

(1)移动搜索

若 $f(X_0^{(i)}) = \max\limits_{X^{(i)} \in \Omega_0^{(i)}} f(X^{(i)}) > f(P_0^{(i)})$ 且 $X_0^{(i)} \neq P_0^{(i)}$，$i = 1,2,\cdots,k$，则 i 渔夫从当前位置 $P_0^{(i)}$ 移到新位置 $P_1^{(i)} = X_0^{(i)}$，并以 $P_1^{(i)}$ 为新的"中心"，重复前面的步骤，以搜寻比点 $P_1^{(i)}$ 处鱼的密度更高的点 $P_2^{(i)}$。经过若干步之后，i 渔夫的位置移动轨点为 $P_0^{(i)}$，$P_1^{(i)}$，$P_2^{(i)}$，…。经过有限次的移动搜寻操作之后，i 渔夫总能在 D 内搜索到一个局部最优区域或局部最优点。

(2)收缩搜索

设经过若干次位置变动后，i 渔夫位于 $P_m^{(i)} = (x_{m1}^{(i)}, x_{m2}^{(i)}, \cdots, x_{mn}^{(i)})$（$m = 0,1,\cdots,M$，其中，$m = 0$ 表示渔夫位于初始位置），若满足 $\max\limits_{X^{(i)} \in \Omega_m^{(i)}} f(X^{(i)}) \leqslant f(P_m^{(i)})$，其中

$\Omega_m^{(i)} = \{X_m^{(i)} = (t_1^{(i)}, t_2^{(i)}, \cdots, t_n^{(i)}) \mid t_j^{(i)} \in \{x_{mj}^{(i)} - l_j^{(-)}, x_{mj}^{(i)}, x_{mj}^{(i)} + l_j^{(+)}\}, j = 1, 2, \cdots, n\}$，$i = 1,2,\cdots,k$。

则 i 渔夫继续停在 $P_m^{(i)}$ 处，并在当前位置 $P_m^{(i)}$ 的前后上下左右再各撒下渔网一次，这时得到关于点 $P_m^{(i)}$ 的另一个下渔网点集为

$\Omega_{m+1}^{(i)} = \{X_{m+1}^{(i)} = (t_1^{(i)}, t_2^{(i)}, \cdots, t_n^{(i)}) \mid t_j^{(i)} \in \{x_{mj}^{(i)} - l'^{(-)}_j, x_{mj}^{(i)}, x_{mj}^{(i)} + l'^{(+)}_j\}, j = 1,2,\cdots,n\}$，

其中，$l'^{(-)}_j = \alpha l_j^{(-)}$，$l'^{(+)}_j = \alpha l_j^{(+)}$，$0 < \alpha < 1$，$\alpha$ 为收缩系数。这一过程称为收缩搜索。

(3)加速搜索

若经过若干次位置变动后，i 渔夫位于点 $P_m^{(i)} = (x_{m1}^{(i)}, x_{m2}^{(i)}, \cdots, x_{mn}^{(i)})$，且 $\max\limits_{X^{(i)} \in \Omega_m^{(i)}} f(X^{(i)}) \leqslant f(P_m^{(i)})$，$f(P_m^{(i)}) - \max\{f(X) \mid X \in \Omega_m^{(i)}, X \neq P_m^{(i)}\} < \varepsilon$，$f(P_m^{(i)}) < \max\{f(P_m^{(t)}), t = 1,2,\cdots,k\}$，其中 $\varepsilon > 0$ 是人为设定的较小的常数。

$\Omega_m^{(i)} = \{X_m^{(i)} = (t_1^{(i)}, t_2^{(i)}, \cdots, t_n^{(i)}) \mid t_j^{(i)} \in \{x_{mj}^{(i)} - l_j^{(-)}, x_{mj}^{(i)}, x_{mj}^{(i)} + l_j^{(+)}\}, j = 1, 2, \cdots, n\}$，$i = 1,2,\cdots,k$，

则 i 渔夫就要加速移动,以跳出当前的作业区。这一过程称为加速搜索。

2.1.2　搜索方法

设 $D \in R^n$ 为有限闭区域,$f(X)$ 在 D 上连续。初始时有 k 个渔夫随机地分布在 D 中,其中 i 渔夫的初始位置和初次撒下渔网位置为 $P_0^{(i)} = (x_{01}^{(i)}, x_{02}^{(i)}, \cdots, x_{0n}^{(i)})$。$i$ 渔夫又在 $P_0^{(i)}$ 的前后上下左右再各撒下渔网一次,这时得到其撒下渔网点集为

$\Omega_0^{(i)} = \{X^{(i)} = (t_1^{(i)}, t_2^{(i)}, \cdots, t_n^{(i)}) \mid t_j^{(i)} \in \{x_{0j}^{(i)} - l_j^{(-)}, x_{0j}^{(i)}, x_{0j}^{(i)} + l_j^{(+)}\}, j = 1, 2, \cdots, n\}$。

若 $f(X_0^{(i)}) = \max\limits_{X^{(i)} \in \Omega_0^{(i)}} f(X^{(i)}) > f(P_0^{(i)})$ 且 $X_0^{(i)} \neq P_0^{(i)}$, $i = 1, 2, \cdots, k$, i 渔夫则从当前位置 $P_0^{(i)}$ 移动到新位置 $P_1^{(i)} = X_0^{(i)}$,并以 $P_1^{(i)}$ 为新的“中心”,重复前面的步骤或方法,以寻找鱼的密度比点 $P_1^{(i)}$ 还要高的点 $P_2^{(i)}$。设经过 m 次操作之后($m = 0, 1, \cdots, M$,其中 $m = 0$ 表示渔夫位于初始位置), k 个渔夫的位置分别为 $P_m^{(i)} = (x_{m1}^{(i)}, x_{m2}^{(i)}, \cdots, x_{mn}^{(i)})$, $i = 1, 2, \cdots, k$。此时, i 渔夫在当前位置 $P_m^{(i)}$ 的前后上下左右再各撒下渔网一次,得到一个下渔网点集为

$\Omega_m^{(i)} = \{X^{(i)} = (t_1^{(i)}, t_2^{(i)}, \cdots, t_n^{(i)}) \mid t_j^{(i)} \in \{x_{mj}^{(i)} - l_j^{(-)}, x_{mj}^{(i)}, x_{mj}^{(i)} + l_j^{(+)}\}, j = 1, 2, \cdots, n\}$。

若 $f(X_m^{(i)}) = \max\limits_{X^{(i)} \in \Omega_m^{(i)}} f(X^{(i)}) > f(P_m^{(i)})$,即 i 渔夫找到比点 $P_m^{(i)}$ 更优的点 $P_{m+1}(i) = X_m^{(i)}$,这时 i 渔夫就从点 $P_m^{(i)}$ 移到点 $P_{m+1}(i)$,并按前面的方法继续在 D 中展开搜索;若 $f(P_m^{(i)}) \geqslant \max\limits_{X^{(i)} \in \Omega_m^{(i)}} f(X^{(i)})$,则 i 渔夫继续停在点 $P_m^{(i)}$ 处,并在 $P_m^{(i)}$ 的前后上下左右再各撒下渔网一次,这时得到关于点 $P_m^{(i)}$ 的又一个下渔网点集:

$\Omega_{m+1}^{(i)} = \{X_{m+1}^{(i)} = (t_1^{(i)}, t_2^{(i)}, \cdots, t_n^{(i)}) \mid t_j^{(i)} \in \{x_{mj}^{(i)} - l'^{(-)}_j, x_{mj}^{(i)}, x_{mj}^{(i)} + l'^{(+)}_j\}, j = 1, 2, \cdots, n\}$。

其中,$l'^{(-)}_j = \alpha l_j^{(-)}$, $l'^{(+)}_j = \alpha l_j^{(+)}$, $0 < \alpha < 1$, α 为收缩系数。若在 $P_m^{(i)}$ 处连续进行收缩操作次数达到了设定的阈值,但 $f(P_m^{(i)}) \geqslant \max\limits_{X^{(i)} \in \Omega_m^{(i)}} f(X^{(i)})$ 且 $f(P_m^{(i)}) < \max\{f(P_m^{(t)}), t = 1, 2, \cdots, k\}$, i 渔夫则要加速移动跳离当前作业区,并在 D 中重新随机地选取 $P_{m+1}^{(i)}$ 点下渔网,再以 $P_{m+1}^{(i)}$ 为其新的“中心”,重复前面的方法,在 D 中继续展开搜索;若在 $P_m^{(i)}$ 处连续进行收缩操作次数达到了设定的阈值,且满足 $f(P_m^{(i)}) \geqslant$

$\max\limits_{X^{(i)} \in \Omega_m^{(i)}} f(X^{(i)})$，$f(P_m^{(i)}) \geqslant f(P_m^{(h)})$，对一切 $P_m^{(h)} \in \{P_m^{(t)} \mid t = 1,2,\cdots,k\}$，则认为点 $P_m^{(i)}$ 为 $f(X)$ 的最优点。通常，经过有限次的移动、收缩和加速操作，以及重新选位操作之后，这 k 个渔夫通常能在 D 中搜寻到 $f(X)$ 的全局最优点。

2.1.3　算法特点

捕鱼算法的特点主要表现在以下几个方面：

(1)由于渔夫之间具有信息传递性，因而该算法具有确定的突跳能力，能够避免搜索陷入局部极值的情况发生，具有较好的全局搜索能力。

(2)由于渔夫个体在搜索空间中独立开展目标搜索，且均朝局部最优解区域(或最优解区域)方向搜寻，因而能较快地趋向较好的搜索空间，收敛速度快。

(3)最优解一旦位于某渔夫的“附近”，则经若干次的收缩搜索之后，该渔夫一般能找到该最优解，因而搜索精度高。

(4)算法通用性强，易于实现。

2.1.4　算法描述

本章选择 $l_j^{(-)} = l_j^{(+)} = L$。算法描述如下：

输入：k、L、α、U、C、N。// 其中 k 为渔夫总数，L 为步长，α 为收缩系数，N 为迭代次数最大阈值，U 为公告板未更新次数最大阈值，C 为连续收缩操作次数最大阈值。

过程：

步骤 1：在 D 中随机产生 k 个点 $P^{(i)}$ $(i = 1,2,\cdots,k)$，并各自构造以 $P^{(i)}$ 为中心的点集 Ω。将最优个体[即 $\max f(P^{(i)})$]记录到公告板。$i \leftarrow 1$，$n \leftarrow 1$，$h \leftarrow 0$。

步骤 2：若 $i \leqslant k$，则 i 渔夫执行如下操作：

(1)若 $d(P^{(i)},P^{(j)}) \leqslant 2L$ 且 $f(P^{(i)}) \leqslant f(P^{(j)})$，$j \neq i$，$j = 1,2,\cdots,k$，则在 D 中随机产生一个点 $P^{(i)}$，并重新构造以 $P^{(i)}$ 为中心的点集 Ω；否则转(2)。// $d(P^{(i)},P^{(j)})$ 为 $P^{(i)}$ 与 $P^{(j)}$ 的欧氏距离。

(2)若 i 满足移动搜索条件，则执行移动搜索操作，$i \leftarrow i + 1$，转步骤 2；否则转(3)。

(3)若 i 渔夫连续进行收缩操作次数已达到了 C,但未能找到更优的解,则在 D 中随机选择一点 $P^{(i)}$,并重新构造以 $P^{(i)}$ 为中心的点集 Ω, $i \leftarrow i+1$,转步骤2;否则转(4)。

(4) i 渔夫执行一次收缩操作, $i \leftarrow i+1$,转步骤2。

步骤3: $n \leftarrow n+1$。将各个渔夫找到的最优值与公告板比较,若优于公告板,则公告板更新,且 $h \leftarrow 0$;否则 $h \leftarrow h+1$。

步骤4:若 $h \geqslant U$ 或 $n > N$,则停机并输出公告板记录。否则转步骤2。

输出:最优解 X^*,最优值 Y_m。

说明:①本搜索算法设有公告板。在寻优中,当且仅当搜索到更优解时公告板才更新。②如果迭代操作次数达到了我们设置的最大阈值(设为 U),但公告板仍未更新,则停机终止。③为了排除算法可能出现死循环状态,我们设有连续收缩操作次数最大阈值 C。若某渔夫在某点处进行收缩操作次数达到了 C,但未能找到更优的解,且迭代次数还没达到我们设定的最大阈值 N,则对该渔夫的位置重新初始化。

主程序伪代码如下。

```
function [Ym,Xm,gen,time]=cubemain(M,L,alfa,CN,UC,N)
Dx=[-2.048,2.048];
Dy=[-2.048,2.048];
P=zeros(2,1);
time=cputime;
CUBE=zeros(3*M,12);
for i=1:M
    CUBE([3*i-2,3*i-1],5)=randPosition(Dx,Dy,L);
    CUBE([3*i-2,3*i-1],10)=L;
    [CUBE([3*i-2,3*i-1],1:10),state]=createCube(Dx,Dy,CUBE,i);
    while 1
        if state==0
            CUBE([3*i-2,3*i-1],5)=randPosition(Dx,Dy,L);
            [CUBE([3*i-2,3*i-1],1:10),state]=createCube(Dx,Dy,
```

```
CUBE,i);
            else
                break
            end
        end
        CUBE(3 * i,1:9)= food(CUBE,i);
        CUBE(3 * i-2,11)= CUBE(3 * i,5);
        CUBE(3 * i-2,12)= max(CUBE(3 * i,1:9));
        CUBE(3 * i,end)= NaN;
        CUBE(3 * i-1,end)= NaN;
    end
    Ym=CUBE(3,5);
    Xm=CUBE([1,2],5)';
    n=0;
    h=0;
    while 1
        for k=1:M
            tY=max(CUBE(3 * k,1:9));
            if tY>CUBE(3 * k,5)
                id=find(tY==CUBE(3 * k,:));
                CUBE([3 * k-2,3 * k-1],5)= CUBE([3 * k-2,3 * k-1],id(1,1));
                  [CUBE([3 * k-2,3 * k-1],1:10),state] = createCube(Dx,Dy,
CUBE,k);
                while 1
                    if state==0
                        CUBE([3 * k-2,3 * k-1],5)= randPosition(Dx,Dy,L);
                          [CUBE([3 * k-2,3 * k-1],1:10),state] = createCube
```

```
(Dx,Dy,CUBE,k);
                else
                    break
                end
            end
            CUBE(3 * k,1:9)= food(CUBE,k);
            CUBE(3 * k-2,12)= max(CUBE(3 * k,1:9));
            continue
        elseif CUBE(3 * k-1,11)>=CN
            CUBE([3 * k-2,3 * k-1],5)= randPosition(Dx,Dy,L);
            CUBE([3 * k-2,3 * k-1],10)= L;
            [CUBE([3 * k-2,3 * k-1],1:10),state] = createCube(Dx,Dy,
CUBE,k);
            while 1
                if state= =0
                    CUBE([3 * k-2,3 * k-1],5)= randPosition(Dx,Dy,L);
                    [CUBE([3 * k-2,3 * k-1],1:10),state] = createCube
(Dx,Dy,CUBE,k);
                else
                    break
                end
            end
            CUBE(3 * k,1:9)= food(CUBE,k);
            CUBE(3 * k-2,11)= CUBE(3 * k,5);
            CUBE(3 * k-2,12)= max(CUBE(3 * k,1:9));
            continue
        else
```

```
                CUBE([3*k-2,3*k-1],10)=alfa*CUBE([3*k-2,3*k-1],10);
                [CUBE([3*k-2,3*k-1],1:10),state]=createCube(Dx,Dy,CUBE,k);
                while 1
                    if state==0
                        CUBE([3*k-2,3*k-1],5)=randPosition(Dx,Dy,L);
                        [CUBE([3*k-2,3*k-1],1:10),state]=createCube(Dx,Dy,CUBE,k);
                    else
                        break
                    end
                end
                CUBE(3*k,1:9)=food(CUBE,k);
                CUBE(3*k-2,12)=max(CUBE(3*k,1:9));
                if CUBE(3*k,5)==CUBE(3*k-2,11)
                    CUBE(3*k-1,11)=CUBE(3*k-1,11)+1;
                else
                    CUBE(3*k-2,11)=CUBE(3*k,5);
                    CUBE(3*k-1,11)=0;
                end
            end
        end
        n=n+1;
        tYm=max(CUBE(:,12));
        id_m=find(tYm==CUBE(:,12));
        if tYm>Ym
```

```
            Ym=tYm;
            Xm=CUBE([id_m(1,1),id_m(1,1)+1],5)';
            gen=n;
            h=0;
        else
            h=h+1;
    end
        P(1,n)=tYm;
        P(2,n)=n;
        if n>=N || h>=UC
            break
        end
    end
    time=cputime-time;
    plot(P(2,:),P(1,:));
```

2.2 算法性能分析

为了考察 FSOA 算法的有效性,本章将 FSOA 算法与 CPSO 算法[1,2]、PSO 算法[1,2]和 GA 算法[3]进行算法性能对比和分析。

2.2.1 实验环境

本实验选用的操作系统为 Windows XP Home SP3,硬件为 Intel Core Due T2050、2GB 内存、Seagate PATA 5400 转 80GB 硬盘的 PC 机,仿真软件为 MATLAB 2007a。

2.2.2 实验测试函数

本章采用四个著名的 Benchmark 问题[1],用于算法性能实验测试。具体函数如下:

(1)GP-Goldstein-Price($n=2$)

$$f_{GP}(x)=[1+(x_1+x_2+1)^2(19-14x_1+3x_1^2-14x_2+6x_1x_2+3x_2^2)]\times$$
$$[30+(2x_1-3x_2)^2(18-32x_1+12x_1^2+48x_2-36x_1x_2+27x_2^2)],$$
$$-2\leqslant x_i\leqslant 2, i=1,2.$$

该函数的全局最小值为3,最优点为(0,-1),可行域内有4个局部极小点。

(2) BR-Branin($n=2$)

$$f_{BR}(x)=\left(x_2-\frac{5.1}{4\pi^2}x_1^2+\frac{5}{\pi}x_1-6\right)^2+10\left(1-\frac{1}{8\pi}\right)\cos x_1+10,\ x_1\in[-5,10],\ x_2\in[0,15].$$

该函数的全局最小值为0.398,共有3个最优点(-3.142,12.275)、(3.142,2.275)、(9.425,2.425)。

(3) RA-Rastrigin($n=2$)

$$f_{RA}(x)=x_1^2+x_2^2-\cos 18x_1-\cos 18x_2,\ -1\leqslant x_i\leqslant 1,\ i=1,2.$$

该函数的全局最小值为-2,最优点为(0,0),在可行域内约有50个局部极小点。

(4)SH-Shuber($n=2$)

$$f_{SH}(x)=\left\{\sum_{i=1}^{5}i\cos[(i+1)x_1+i]\right\}\left\{\sum_{i=1}^{5}i\cos[(i+1)x_2+i]\right\},\ -10\leqslant x_1,x_2\leqslant 10.$$

该函数的最小值为-186.7309,有18个全局最优点,同时有760个左右局部极小点。

2.2.3 算法参数设置

FSOA 算法参数设置如表2-1 所示。其中迭代次数最大阈值均取固定值 $N=150$,渔夫总人数 $K=10$,连续收缩操作次数最大阈值 $C=5$,公告板未更新次数最大阈值 $U=4$,L 为步长,α 为收缩系数。具体如表2-1 所示。

表 2-1 FSOA 算法参数设置表

目标函数	$f_{GP}(x)$	$f_{BR}(x)$	$f_{RA}(x)$	$f_{SH}(x)$
参数设置	$N=150, K=10, C=5$, $U=4, L=0.6$, $\alpha=0.03$	$N=150, K=10, C=5$, $U=4, L=0.5$, $\alpha=0.03$	$N=150, K=10, C=5$, $U=4, L=0.3$, $\alpha=0.02$	$N=150, K=10, C=5$, $U=4, L=1$, $\alpha=0.02$

而 CPSO 算法[1]、PSO 算法[2]及 GA 算法[3]中的迭代次数均设为 2000 次,其余参数的设置详细情况见文献[1]。

2.2.4 评价指标

为了便于对比分析 FSOA 算法与 CPSO 算法[1]、PSO 算法[2]及 GA 算法[3]性能的优劣,本章依据文献[1]中有关以上 4 个著名 Benchmark 问题的评价标准体系,选择平均最小函数值、标准偏差、成功率、平均有效评价次数等 4 个指标作为算法性能对比的评价指标。若每次运行的最终结果在全局最优值的 3.5% 范围内,则称该次运行为“成功运行”,并将本次运行所用的最少评价次数记录下来。成功率 SR(succeed ratio)和平均有效评价次数 AVEN(average valid evaluation number)定义如下[1]:

$$\mathrm{SR} = \frac{N_v}{N} \times 100\%$$

$$\mathrm{AVEN} = \frac{1}{N_v}\sum_{i=1}^{N_v} n_i$$

式中, N 为算法独立运行的总次数; N_v 为 N 次独立运行中成功运行的次数; n_i 为第 i 次成功运行所用的最少函数评价次数。

2.2.5 实验测试结果

由于 CPSO 算法、PSO 算法、GA 算法和 FSOA 算法都是随机搜索算法,为了避免随机性对试验结果的影响,测试采取如下办法:各算法均独立运行 50 次,以这 50 次运行结果数据的平均值作为该算法的最终测试结果。运行所得实验数据如表 2-2 和表 2-3 所示。

表 2-2　平均最小函数值±标准偏差

目标函数	FSOA	CPSO[1]	PSO[1]	GA[1]
$f_{GP}(x)$	3.0000 ±6.7431e-28	3.0000 ±5.0251e-15	4.6202 ±11.4554	3.1471 ±0.9860
$f_{BR}(x)$	0.3979 ±2.1655e-30	0.3979 ±3.3645e-16	0.4960 ±0.3703	0.4021 ±0.0153
$f_{RA}(x)$	-2.0000 ±0	-1.9940 ±0.0248	-1.9702 ±0.0366	-1.9645 ±0.0393
$f_{SH}(x)$	-186.7309 ±9.4792e-27	-186.7274 ±0.0218	-180.3265 ±10.1718	-182.1840 ±5.3599

表 2-3　SR 和 AVEN 比较

目标函数	FSOA		CPSO[1]		PSO[1]		GA[1]	
	SR	AVEN	SR	AVEN	SR	AVEN	SR	AVEN
$f_{GP}(x)$	100	57	100	192	98	1397	98	536
$f_{BR}(x)$	100	61	100	154	94	743	92	1682
$f_{RA}(x)$	100	72	98	653	100	1160	84	238
$f_{SH}(x)$	100	73	100	360	98	1337	98	1516
平均值	100	66	97	340	85	1159	80	993

其中,FSOA 算法的平均耗时(秒):$f_{GP}(x)$ 为 0.3943750,$f_{BR}(x)$ 为 0.2465625,$f_{RA}(x)$ 为 0.6203125,$f_{SH}(x)$ 为 0.3062500。而得到的 FSOA 算法的迭代次数与进化曲线仿真图如图 2-1～图 2-4 所示。

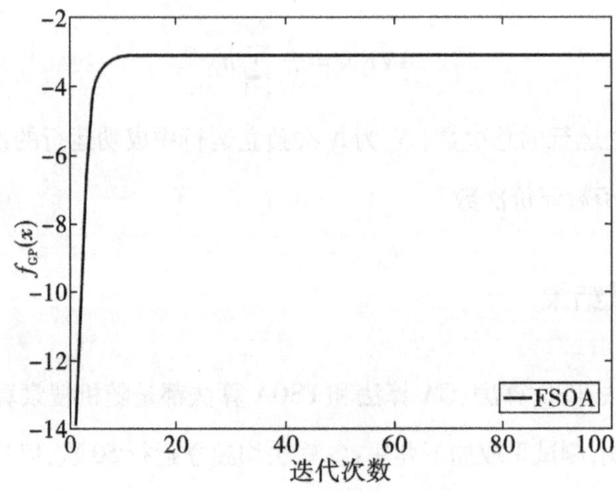

图 2-1　$f_{GP}(x)$ 迭代次数-进化曲线图

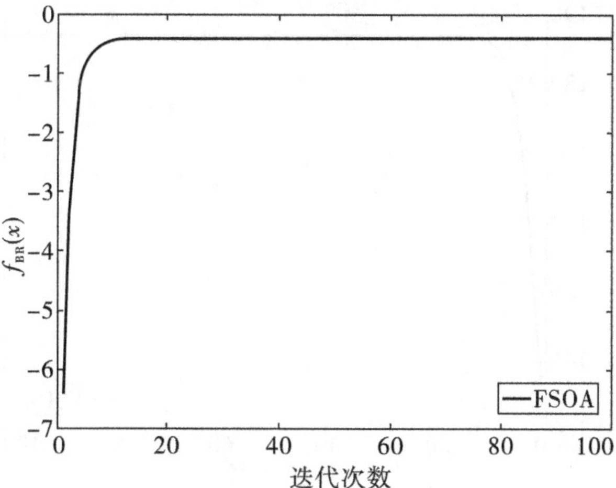

图 2-2　$f_{BR}(x)$ 迭代次数-进化曲线图

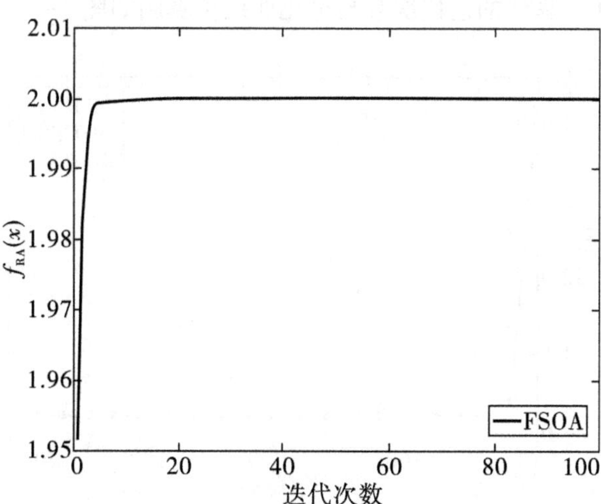

图 2-3　$f_{RA}(x)$ 迭代次数-进化曲线图

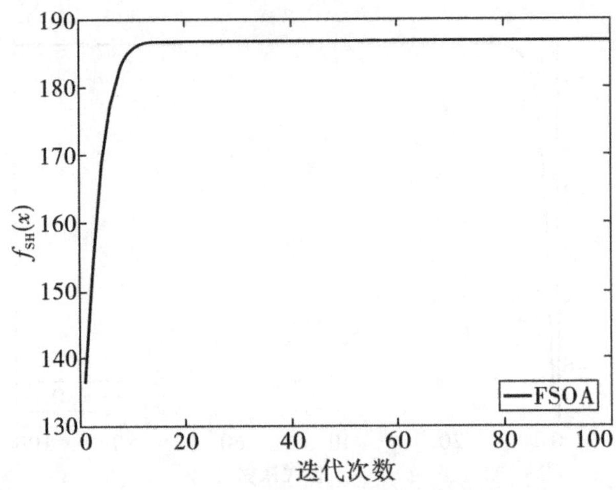

图 2-4 $f_{SH}(x)$ 迭代次数-进化曲线图

而 CPSO、PSO、GA 算法的迭代次数与进化曲线仿真图如图 2-5 ~ 图 2-8 所示：

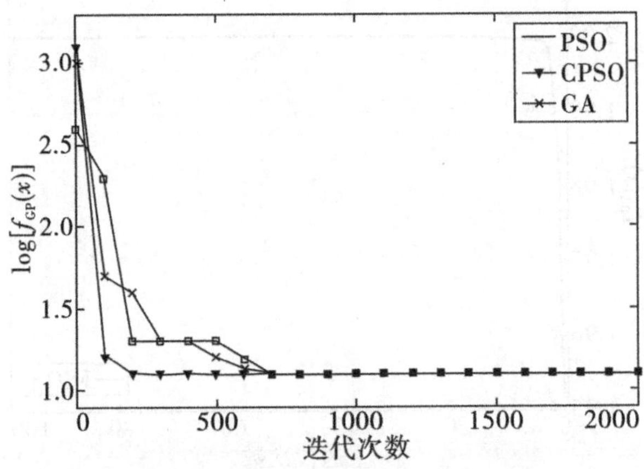

图 2-5 $f_{GP}(x)$ 迭代次数-进化曲线图

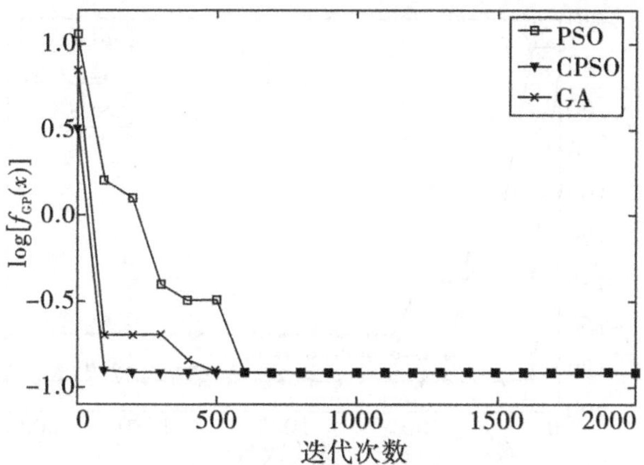

图 2-6　$f_{BR}(x)$ 迭代次数-进化曲线图

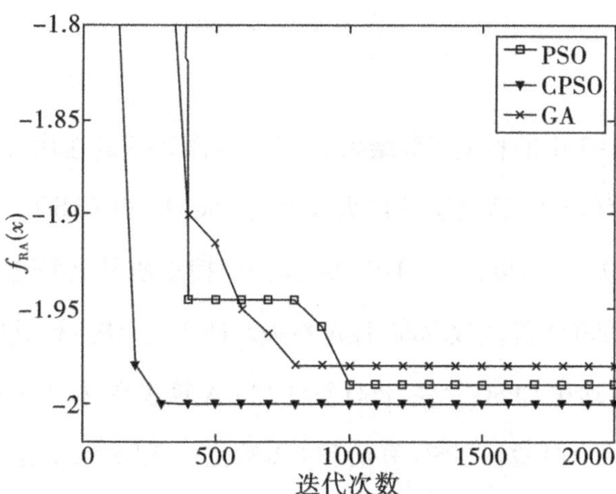

图 2-7　$f_{RA}(x)$ 迭代次数-进化曲线图

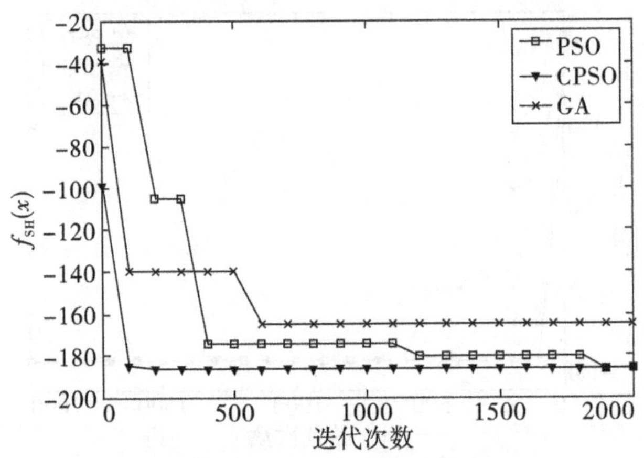

图 2-8　$f_{SH}(x)$ 迭代次数-进化曲线图

2.2.6　对比分析

从表 2-2 和表 2-3 中的相关实验结果、图 2-1 ~ 图 2-8 的迭代次数-进化曲线图,以及迭代次数最大阈值(FSOA 迭代次数最大阈值是 150 次,而 CPSO[1]、PSO[2] 及 GA[3] 的迭代次数均为 2000 次)中可以得出:①FSOA 算法的搜索质量显著高于 CPSO 算法、PSO 算法和 GA 算法。②FSOA 算法效率高、稳定性强。FSOA 算法运行成功率为 100%,搜索到全局最优值的精度均比 CPSO 算法、PSO 算法和 GA 算法高,标准差也是最小的。因而 FSOA 算法效率高于 CPSO 算法、PSO 算法和 GA 算法。③FSOA 算法收敛速度快。从平均有效评价次数 AVEN 和迭代次数-进化曲线图中可以看出,FSOA 算法的收敛速度均比 CPSO 算法、PSO 算法和 GA 快得多。因而,我们得出结论:FSOA 算法的性能优于 CPSO 算法、PSO 算法和 GA 算法。

2.3　本章小结

本章提出一种采用捕鱼策略的优化算法。该算法具有搜索速度快、求解精度高和不易陷入局部极值的优点,具有较好的全局搜索能力。实验结果表明,FSOA 算法对于解决复杂函数的优化问题是非常有效和可行的。

参考文献

[1]HOLLAND J H. Adaptation in Nature and Artificial Systems. MIT Press,1992.

[2]王凌,刘波. 微粒群优化与调度算法[M]. 北京:清华大学出版社,2008.

[3] KENNEDY J, EBERHART R C, SHI Y. Swarm Intelligence. San Francisco: Morgan Kaufman Publishers,2001.

[4]THERAULAZ G,BONABEAU E,DENEUBOURG J L. Self-organization of hierarchies in animal societies : The case of the primitively eusocial wasp polistes dominulus christ[J]. Journal of Theoretical Biology,1995,174:313-323.

[5]THERAULAZ G,BONABEAU E,DENEUBOURG J L. Response threshold reinforcement and division of labour in insect societies[A]. Proceedings of the Royal Society of London B [C],1998,265:327-335.

[6]EUSUFFM M,LANSEY K E. Optimization of Water Distribution Network Design Using Shuffled Frog Leaping Algorithm [J]. Journal of Water Resources Planning and Management,2003,129(3):210-225.

[7]李晓磊,邵之江,钱积新. 一种基于动物自治体的寻优模式:鱼群算法[J]. 系统工程理论与实践. 2002,22(11):32-38.

第3章 捕鱼算法在矩阵特征值求解中的应用

在科学研究及工程技术中,矩阵特征值的求解是一个十分普遍的问题[1-3]。如解决数学物理方程、差分方程、马尔可夫过程等问题都应用到矩阵特征值的求解理论。工程设计中的某些临界值问题、动力及结构系统的振动问题、电力系统的静态稳定分析等都属于特征值求解问题。目前,求解矩阵特征值的方法主要有迭代法和变换法[3]。

捕鱼算法是2009年由文献[4]提出的一种新型群智能优化算法。该算法通过模拟渔夫在江面上撒网捕鱼的行为习惯而得出,具有鲁棒性强、收敛速度快、优化精度高、编程实现简单等优点,因此在算法的改进、结合、应用等方面得到了越来越多的关注和研究[5-7]。

本章根据 Gerschgorin 圆盘定理,将求解特征值问题转化为最优化问题,并用捕鱼算法寻优。最后通过数值试验证明该方法的有效性和可行性。

3.1 矩阵特征值及圆盘定理

设 $\boldsymbol{A}$ 是 n 阶方阵,如果存在数 λ 和 n 维非零列向量 $\boldsymbol{Z}$,使 $\boldsymbol{AZ}=\lambda\boldsymbol{Z}$,则称 λ 为 $\boldsymbol{A}$ 的特征值。$P(\lambda)=|\boldsymbol{A}-\lambda\boldsymbol{I}|=0$ 称为 $\boldsymbol{A}$ 的特征方程,这是个关于 λ 的 n 次方程,其中,$\boldsymbol{I}$ 为单位矩阵。

圆盘定理[8] n 阶方阵 $\boldsymbol{A}=(a_{ij})_{n\times n}$ 可以确定复平面上 n 个以 a_{ii} 为中心,以 $\sum_{j\neq i}|a_{ij}|$ 为半径的圆盘 $\{z\,|\,|z-a_{ii}|\leqslant\sum_{j\neq i}|a_{ij}|\}$,$i=1,2,\cdots,n$ 。每个特征值必属于

上述 n 个圆盘中的某一个。而且如果其中有 m 个圆盘组成一个连通区域 Ω，且 Ω 与其他 $n-m$ 个圆盘不连通，则 Ω 包含 m 个特征值。

3.2　求矩阵特征值的捕鱼算法

3.2.1　个体表达方式

渔夫个体所处位置用 (x_1, x_2) 表示。其中，x_1 表示特征值的实部，x_2 表示特征值的虚部，即特征值 $\lambda = x_1 + x_2\mathrm{i}$。

3.2.2　适应度函数

矩阵 $\boldsymbol{A}$ 的特征值 λ 是满足方程 $P(\lambda) = |\boldsymbol{A} - \lambda\boldsymbol{I}| = 0$ 的解。当维数较高时，求 λ 的精确值比较困难，所以在实际应用中往往求其近似解。因此，求解特征方程 $|\boldsymbol{A} - \lambda\boldsymbol{I}| = 0$ 的问题，可转化为 $|\boldsymbol{A} - \lambda\boldsymbol{I}|$ 的极小值问题。

令 $f = |\boldsymbol{A} - \lambda\boldsymbol{I}|$，将 $\lambda = x_1 + x_2\mathrm{i}$ 代入，得 $f = |\boldsymbol{A} - (x_1 + x_2\mathrm{i})\boldsymbol{I}|$，则算法适应度函数（即鱼密度函数）可定义为

$$\min f = \mathrm{abs}(|\boldsymbol{A} - (x_1 + x_2\mathrm{i})\boldsymbol{I}|) \tag{3-1}$$

$$或\ \max f = -\mathrm{abs}(|\boldsymbol{A} - (x_1 + x_2\mathrm{i})\boldsymbol{I}|) \tag{3-2}$$

3.2.3　求矩阵特征值的捕鱼算法流程

算法设置有群体公告板 G_best。输入参数有：渔夫总数 k，步长 L，收缩系数 α，连续收缩操作次数最大阈值 C，迭代次数最大阈值 N。

步骤 1：随机产生总数为 k 的渔夫群体。并根据式(3-2)计算个体当前位置水中鱼的密度。

步骤 2：各渔夫根据自身状态，选择并执行相应的捕鱼策略（即移动搜索、收缩搜索或

重新随机初始化)。

步骤3:根据式(3-2)计算个体当前位置水中鱼的密度。

步骤4:更新群体公告板。

步骤5:反复执行步骤2～步骤4,直至达到迭代次数最大阈值时输出最优结果。

主程序伪代码如下。

```
function [G_best,gen,time]=cubemain(M,L,alfa,CN,N)
Dx=[-20,20];
Dy=[-20,20];
P=zeros(2,1);
time=cputime;
CUBE=zeros(3*M,12);
for i=1:M
    CUBE([3*i-2,3*i-1],5)=randPosition(Dx,Dy,L);
    CUBE([3*i-2,3*i-1],10)=L;
    [CUBE([3*i-2,3*i-1],1:10),state]=createCube(Dx,Dy,CUBE,i);
    while 1
        if state==0
            CUBE([3*i-2,3*i-1],5)=randPosition(Dx,Dy,L);
            [CUBE([3*i-2,3*i-1],1:10),state]=createCube(Dx,Dy,
CUBE,i);
        else
            break
        end
    end
    CUBE(3*i,1:9)=food(CUBE,i);
    CUBE(3*i-2,11)=CUBE(3*i,5);
    CUBE(3*i-2,12)=max(CUBE(3*i,1:9));
```

```
        CUBE(3 * i,end) = NaN;
        CUBE(3 * i-1,end) = NaN;
    end
    G_best=zeros(3,4)-inf;
    gen=1;
    n=0;
    while 1
        for k=1:M
            tY=max(CUBE(3 * k,1:9));
            if tY>CUBE(3 * k,5)
                id=find(tY==CUBE(3 * k,:));
                CUBE([3 * k-2,3 * k-1],5)=CUBE([3 * k-2,3 * k-1],id(1,1));
                [CUBE([3 * k-2,3 * k-1],1:10),state]=createCube(Dx,Dy,
CUBE,k);
                while 1
                    if state==0
                        CUBE([3 * k-2,3 * k-1],5)=randPosition(Dx,Dy,L);
                        [CUBE([3 * k-2,3 * k-1],1:10),state]=createCube
(Dx,Dy,CUBE,k);
                    else
                        break
                    end
                end
                CUBE(3 * k,1:9)=food(CUBE,k);
                CUBE(3 * k-2,12)=max(CUBE(3 * k,1:9));
                continue
            elseif CUBE(3 * k-1,11)>=CN
```

```
        CUBE([3*k-2,3*k-1],5)=randPosition(Dx,Dy,L);
        CUBE([3*k-2,3*k-1],10)=L;
        [CUBE([3*k-2,3*k-1],1:10),state]=createCube(Dx,Dy,CUBE,k);
        while 1
            if state==0
                CUBE([3*k-2,3*k-1],5)=randPosition(Dx,Dy,L);
                [CUBE([3*k-2,3*k-1],1:10),state]=createCube(Dx,Dy,CUBE,k);
            else
                break
            end
        end
        CUBE(3*k,1:9)=food(CUBE,k);
        CUBE(3*k-2,11)=CUBE(3*k,5);
        CUBE(3*k-2,12)=max(CUBE(3*k,1:9));
        continue
    else
        CUBE([3*k-2,3*k-1],10)=alfa*CUBE([3*k-2,3*k-1],10);
        [CUBE([3*k-2,3*k-1],1:10),state]=createCube(Dx,Dy,CUBE,k);
        while 1
            if state==0
                CUBE([3*k-2,3*k-1],5)=randPosition(Dx,Dy,L);
                [CUBE([3*k-2,3*k-1],1:10),state]=createCube(Dx,Dy,CUBE,k);
```

```
                else
                    break
                end
            end
            CUBE(3 * k,1:9)= food(CUBE,k);
            CUBE(3 * k-2,12)= max(CUBE(3 * k,1:9));
            if CUBE(3 * k,5)= =CUBE(3 * k-2,11)
                CUBE(3 * k-1,11)= CUBE(3 * k-1,11)+1;
            else
                CUBE(3 * k-2,11)= CUBE(3 * k,5);
                CUBE(3 * k-1,11)= 0;
            end
        end
        if round(CUBE(3 * k-2,5))= =11 && CUBE(3 * k,5)>G_best(end,1)
            G_best(:,1)= CUBE(3 * k-2:3 * k,5);
            gen=n;
        elseif round(CUBE(3 * k-2,5))= =0 && CUBE(3 * k-1,5)>0 && CUBE
(3 * k,5)>G_best(end,1)
            G_best(:,2)= CUBE(3 * k-2:3 * k,5);
            gen=n;
        elseif round(CUBE(3 * k-2,5))= =0 && CUBE(3 * k-1,5)<0 && CUBE
(3 * k,5)>G_best(end,1)
            G_best(:,3)= CUBE(3 * k-2:3 * k,5);
            gen=n;
        end
    end
    n=n+1;
```

```
    P(1,n)=tYm;
    P(2,n)=n;
    if n>=N
        break
    end
end
time=cputime-time;
plot(P(2,:),P(1,:));
```

3.3 实验分析

3.3.1 实验环境

实验采用 Intel Core 2 Due T7600 @ 2.33GHz、2GB 内存、HITACHI PATA 7200 转 100GB 硬盘的笔记本,操作系统为 Windows 7 SP1,仿真软件为 MATLAB 2010b。

3.3.2 实验说明及参数设置

为检验使用捕鱼算法求解矩阵特征值的性能,选取 5 个经典例子进行测试。其中,例 3-1 和例 3-2 选自参考文献[9],例 3-3 来自文献[10]和[11],例 3-4 和例 3-5 分别取自文献[10]和[11]。

使用捕鱼算法求解特征值时,搜索范围由圆盘定理确定。为消除算法参数设置和随机性的影响,对于 5 个例子,算法均连续运行 10 次,结果取平均值。算法参数统一设置为:渔夫总数 $k=10$,步长 $L=1$,收缩系数 $\alpha=0.5$,连续收缩操作次数最大阈值 $C=5$,迭代次数最大阈值 $N=200$。

对比算法的实验结果均来自参考文献[9]~[11]。其中,只有文献[10]明确注明计算结果为算法连续运行 10 次的平均值,其余文献均未标注结果是否为平均值。

3.3.3　仿真实例及计算结果

例 3-1[9]　求矩阵 $A = \begin{bmatrix} 1 & 0.5 & 0.7 & 1 & 0.2 \\ 0.5 & 3 & 0.3 & 0.5 & -0.6 \\ 0.7 & 0.3 & -1 & -0.7 & 0.4 \\ 1 & 0.5 & -0.7 & -2 & 0.8 \\ 0.2 & -0.6 & 0.4 & 0.8 & 4 \end{bmatrix}$ 的特征值。

例 3-1 的算法性能对比如表 3-1 所示。

表 3-1　例 3-1 的算法性能对比

对比项	参考值	改进 PSO 算法[9]	捕鱼算法
特征值 1	-2.882593662520355	-2.8825936624	-2.882593662520357-0.000000000000000i
特征值 2	-0.651739666414300	-0.6517396619	-0.651739666414299+0.000000000000000i
特征值 3	1.052491124383551	1.0524917552	1.052491124383551+0.000000000000000i
特征值 4	3.145450603336930	3.1454505005	3.145450603336929-0.000000000000000i
特征值 5	4.336391601214174	4.3363916005	4.336391601214176+0.000000000000000i
种群规模		100	10
迭代次数最大阈值		800	200
找到最优值代数		—	120
运行时间/s		—	0.52

注:“参考值”由 MATLAB 2010b 软件的 eig 函数计算得到;“—”表示参考文献未给出该项数值。本章下表同。

例 3-2[9]　求矩阵 $A = \begin{bmatrix} 4 & 5 & 1 \\ 0.8 & 2 & 3 \\ 12 & 2 & 6 \end{bmatrix}$ 的特征值。

例 3-2 的算法性能对比如表 3-2 所示。

表 3-2　例 3-2 的算法性能对比

对比项	参考值	改进 PSO 算法[9]	捕鱼算法
特征值 1	11.287897168094261	11.2878967- 0.0000000993392i	11.287897168094242
特征值 2	0.356051415952881+ 3.719554254146195i	0.356052468+ 3.719553908i	0.356051415952879+ 3.719554254146194i
特征值 3	0.356051415952881- 3.719554254146195i	0.356052392- 3.71955446i	0.356051415952879- 3.719554254146194i
种群规模		100	10
迭代次数最大阈值		400	200
找到最优值代数		—	110
运行时间/s		—	0.51

例 3-3[10-11]　求矩阵 $\boldsymbol{A}=\begin{bmatrix}10 & 2.5 & 4 & 9\\ 2.5 & 10 & 3 & 7\\ 0 & 1 & 6 & 2\\ 0 & 0 & 2 & 6\end{bmatrix}$ 的特征值。

例 3-3 的算法性能对比如表 3-3 所示。

表 3-3　例 3-3 的算法性能对比

对比项	参考值	HAFSA 算法[10]	文献[11]算法	捕鱼算法
特征值 1	13.322794473440091	13.322794- 0.0000000i	13.3227944734401	13.322794473440098
特征值 2	4.223060029945016	4.2230600+ 0.0000002i	4.223060029945	4.223060029945012
特征值 3	7.227072748307446+ 0.803818890267409i	7.2270727+ 0.8038180i	7.22707274830745+ 0.8038188902674i	7.227072748307445+ 0.803818890267404i

续表 3-3

对比项	参考值	HAFSA 算法[10]	文献[11]算法	捕鱼算法
特征值 4	7.227072748307446-0.803818890267409i	7.2270727-0.8038180i	7.22707274830745-0.8038188902674i	7.227072748307445-0.803818890267404i
种群规模		50	30	10
迭代次数最大阈值		—	—	200
找到最优值代数		—	—	120
运行时间/s		—	—	0.52

例 3-4[10]　求矩阵 $\boldsymbol{A}=\begin{bmatrix} 2.3 & 4.3 & 5.6 & 3.2 & 1.4 & 2.2 \\ 1.4 & 2.4 & 5.7 & 8.4 & 3.4 & 5.2 \\ 2.5 & 6.5 & 4.2 & 7.1 & 4.7 & 9.3 \\ 3.8 & 5.7 & 2.9 & 1.6 & 2.5 & 7.9 \\ 2.4 & 5.4 & 3.7 & 6.2 & 3.9 & 1.8 \\ 1.8 & 1.7 & 3.9 & 4.6 & 5.7 & 5.9 \end{bmatrix}$ 的特征值。

例 3-4 的算法性能对比如表 3-4 所示。

表 3-4　例 3-4 的算法性能对比

对比项	参考值	HAFSA 算法[10]	捕鱼算法
特征值 1	25.527573940736083	25.527573-0.0000000i	25.527573940736094
特征值 2	-5.631305338015736	-5.6313053+0.0000000i	-5.631305338015729
特征值 3	-0.682468529599728+1.565959391432518i	-0.6824685+1.5659592i	-0.682468529599727+1.565959391432518i
特征值 4	-0.682468529599728-1.565959391432518i	-0.6824685-1.5659592i	-0.682468529599727-1.565959391432518i

续表 3-4

对比项	参考值	HAFSA 算法[10]	捕鱼算法
特征值 5	0.884334228239547+ 3.444545987553484i	0.8843342+ 3.4445457i	0.884334228239546+ 3.444545987553481i
特征值 6	0.884334228239547- 3.444545987553484i	0.8843342- 3.4445457i	0.884334228239546- 3.444545987553481i
种群规模		50	10
迭代次数最大阈值		—	200
找到最优值代数		—	130
运行时间/s		—	0.55

例 3-5[11] 求矩阵 $\boldsymbol{A}=\begin{bmatrix}-3 & 1 & -1\\ -7 & 5 & -1\\ -6 & 6 & -2\end{bmatrix}$ 的特征值。

例 3-5 的算法性能对比如表 3-5 所示。

表 3-5 例 3-5 的算法性能对比

对比项	参考值	文献[11]算法	捕鱼算法
特征值 1	4.000000000000002	4.00000000000000- 0.00000000000000i	4.000000000000000- 0.000000000000000i
特征值 2	-2.000000030664509	-2.00000000000013+ 0.00000000000002i	-2.000000000010237- 0.000000018250079i
特征值 3	-1.999999969335488	-1.99999999999992- 0.00000000000006i	-1.999999999998387+ 0.000000000000051i
种群规模		30	10
迭代次数最大阈值		—	200
找到最优值代数		—	110
运行时间/s		—	0.52

3.3.4　实验结论

由表 3-1 和表 3-2 可知,捕鱼算法计算精度比文献[9]的改进 PSO 算法高,精度达到10～14数量级。从种群规模和迭代次数最大阈值上看,捕鱼算法能够在种群规模更小、迭代次数更少的情况下获得更精确的结果。

与文献[10]的 HAFSA 算法性能对比见表 3-3 和表 3-4。由于 HAFSA 算法与捕鱼算法所得结果均为 10 次连续运行的平均值,因此非常具有可比性。运行结果表明,捕鱼算法能够在 HAFSA 算法 1/5 种群规模的情况下,稳定地收敛到比 HAFSA 算法精度更高的解。

最后是与文献[11]算法的性能对比,计算结果见表 3-3 和表 3-5。从计算结果上看,捕鱼算法精度稍差。但由于文献[11]所给结果并未注明是否为算法运行的平均值,且算法迭代次数最大阈值也未给出,而捕鱼算法结果是在迭代次数最大阈值 200 次的条件下算法连续运行 10 次的平均值,因此并不能说明捕鱼算法的计算结果不好。另外,捕鱼算法的种群规模仅为文献[11]算法的 1/3。

综上可得结论:①本章算法求解矩阵特征值的精度高。在大部分例子中都明显优于对比算法,其求解结果与参考值非常接近。②从种群规模上看,本章算法种群规模在所有对比算法中是最小的。③本章算法收敛速度快且计算结果稳定。④本章算法运行效率高,其平均运行时间为 0.5 s 左右。

3.4　本章小结

本章给出的捕鱼算法可用于计算任意矩阵的特征值。数值实验表明,该算法具有求解精度高、收敛速度快、计算结果稳定的优点。该算法能够在复数域内计算任意 n 阶方阵的所有特征值,为实际应用中求解矩阵特征值问题提供了一种新的方法。

参考文献

[1] HOM R A, JOHNSON C R. Matrix analysis [M]. London: Cambridge University Press,1985.

[2]COLUB G H,VAN LOAN C F. Matrix computations[M]. Baltmore,MD:Johns Hopkins University Press,1983.

[3]曹志浩.矩阵特征值问题[M].上海:上海科学技术出版社,1980.

[4]陈建荣,王勇.采用捕鱼策略的优化方法[J].计算机工程与应用,2009,45(9):53-56.

[5]庞兴,王勇.PSO与捕鱼策略相结合的优化方法[J].计算机工程与应用,2011,47(8):36-50.

[6]陈建荣,王勇.一种人工鱼算法与捕鱼算法相结合的优化方法[J].计算机应用与软件,2011,28(4):196-199.

[7]陈建荣,陈建华,王勇.一种改进的模拟捕鱼寻优算法[J].计算机工程与应用,2011,47(34):47-50.

[8]陈基明.数值计算方法[M].上海:上海大学出版社,2007.

[9]王志,胡小兵,何雪海.求解矩阵特征值的改进PSO算法[J].计算机工程与应用,2012,48(9):40-42,46.

[10]黄华娟,周永权,韦杏琼,等.求解矩阵特征值的混合人工鱼群算法[J].计算机工程与应用,2010,46(6):56-59.

[11]韦杏琼,周永权.求解矩阵特征值和特征向量的PSO算法[J].计算机工程,2010,36(3):189-191.

第4章 捕鱼算法在绝对值方程求解中的应用

绝对值方程等价于一个不可微的NP难问题,其最初研究主要来源于区间线性方程和线性互补问题[1-2]。目前,对绝对值方程的研究主要集中在理论、算法和应用几个方面,并取得了一定的成果[3-9]。Rohn[3]和Mangasarian等[4]首先对绝对值方程进行了引领性的研究,并给出了包括解的存在性与数量的相关理论。Yu等[5]和Chen等[6]分别通过改进的多元谱梯度算法和无逆动力系统对绝对值方程进行求解。封京梅等[7-8]则通过使用粒子群算法和人群搜索算法来获得绝对值方程问题的解。雍龙泉[9]则提出了一种五阶牛顿迭代法求解绝对值方程。

群智能优化算法是一种通过模拟自然界中动物(或昆虫等)的群体行为而提出的一类随机搜索方法,属于一种新兴的演化计算技术,前文提及的粒子群算法和人群搜索算法都属于这一类算法。由于群智能优化算法具有明显的并行性特征,鲁棒性也较好,因而得到了国内外学者的普遍关注和研究[10-13]。作者等[13]通过观察和模拟渔夫在江面上捕鱼的行为习惯而提出了捕鱼算法,该算法在求解高炉料面传感器布置[14]、TSP问题[15]和约束优化[16]等问题中表现出较好的性能。

4.1 问题描述与转化

本章考虑的绝对值方程(absolute value equation,AVE)具有如下的形式[3]:

$$\boldsymbol{A}\boldsymbol{x} - |\boldsymbol{x}| = \boldsymbol{b} \tag{4-1}$$

其中，$A \in R^{n\times n}$，$x,b \in R^n$，$|x|$ 表示对 x 中的每一个分量取绝对值。其广义形式是[4] $Ax + B|x| = b$。

引理 4-1[1]　如果 A 的所有奇异值均大于1，那么对于 $\forall b \in R^n$，式(4-1)的解存在且唯一；如果 A 满足 $\|A^{-1}\| \leqslant 1$，那么对于 $\forall b \in R^n$，式(4-1)的解存在且唯一。

引理 4-2[1]　如果 $b<0$，且 $\|A\|_\infty < \gamma/2$，$\gamma = \min_i |b_i| / \max_i |b_i|$，那么式(4-1)有完全不同的 2^n 个解，且每个解都没有零分量，符号也不同。

为求得式(4-1)的解，首先将其转化为如下的最小化问题[7]：

$$\min f(x) = \frac{(Ax - |x| - b)^{\mathrm{T}}(Ax - |x| - b)}{2} \tag{4-2}$$

4.2　求解绝对值方程的捕鱼算法

4.2.1　基本参数

算法设置有公告板，用于记录迭代过程中渔夫找到的最优值 $F(x_B)$ 及对应的最优解 x_B。此外，需要设置的参数还包括迭代次数最大阈值 φ、渔夫总数 m、步长 λ、收缩系数 δ 和阈值 ε。

4.2.2　渔夫个体

用向量 $x^i = (x_1^i, \cdots, x_j^i, \cdots, x_n^i)^{\mathrm{T}}$ 表示第 i 个渔夫的位置。其中，$i=1,2,\cdots,m$；$j=1,2,\cdots,n$；x_j^i 表示第 i 个渔夫的第 j 个分量的值。

4.2.3　目标函数

结合式(4-2)，得到求解绝对值方程的捕鱼算法的目标函数如下：

$$F(x) = \frac{1}{2} J^{\mathrm{T}} J \tag{4-3}$$

式中，$\boldsymbol{J} = A\boldsymbol{x} - |\boldsymbol{x}| - \boldsymbol{b}$ 。

4.2.4　搜索方法

用 $x^{i_0} = (x_1^{i_0}, x_2^{i_0}, \cdots, x_j^{i_0}, x_{j+1}^{i_0}, \cdots, x_n^{i_0})^{\mathrm{T}}$，$\boldsymbol{\lambda}^{i_0}$ 和 ε^{i_0} 分别表示第 i 个渔夫的当前位置、步长和最大阈值。在搜索开始时，其构造的撒网点集如下：

$$\Psi_i = \{x^{i_k} = (x_1^{i_k}, x_2^{i_k}, \cdots, x_j^{i_k}, x_{j+1}^{i_k}, \cdots, x_n^{i_k})^{\mathrm{T}}\} \tag{4-4}$$

式中，$x_j^{i_k} \in \{x_j^{i_0}, x_j^{i_0} + \lambda_0^i, x_j^{i_0} - \lambda_0^i\}$ ；$j=1,2,\cdots,n$。

（1）移动搜索

如果 $F(x^*) = \min\limits_{x^i_k \in \Psi_i} F(x^{i_k}) < F(x^{i_0})$ ，那么第 i 个渔夫移动到新位置 x^* ，并根据式（4-4）重新构造撒网点集。

（2）收缩搜索

如果 $\min\limits_{x^i_k \in \Psi_i} F(x^{i_k}) \geqslant F(x^{i_0})$ 且 $\varepsilon^{i_0} \leqslant \varepsilon$ ，那么第 i 个渔夫在当前位置以步长 $\boldsymbol{\lambda}' = \boldsymbol{\lambda}^{i_0} \times \delta$ ，根据式（4-4）重新构造撒网点集。

（3）加速搜索

对第 i 个渔夫的位置进行随机初始化，并还原其步长和阈值，根据式（4-4）重新构造撒网点集。

4.2.5　算法流程

算法流程如下所示。

步骤 1：在定义域范围内随机初始化 m 个渔夫的位置。

步骤 2：如果算法迭代次数达到 φ ，则程序停止并将公告板记录值输出。

步骤 3：根据渔夫的状态选择执行相应的搜索模式。

步骤 4：如果找到更优值则更新公告板，否则转步骤 2。

主程序伪代码如下。

```
function [Gbest,gen,time]=AVEmain(K,L,alfa,C,N)
A=[0.1,0.02;
```

```
    0.2,0.01];
b=[-1;-2];
dom=[-4,4];
d=dom(1,2)-dom(1,1);
dim=size(b,1);
time=cputime;
DS=struct('pX',{},...
    'pY',{},...
    'pL',{},...
    'palfa',{},...
    'pC',{});
m=3^dim;
for i=1:K
    DS(i).pX=zeros(dim,m);
    DS(i).pX(:,1)=dom(1,1)+d*rand(dim,1);
    DS(i).pX(:,2:end)=create(DS(i).pX(:,1),L);
    DS(i).pY=food(A,b,DS(i).pX,m);
    DS(i).pL=L;
    DS(i).palfa=alfa;
    DS(i).pC=0;
end
Gbest=[DS(1).pX(:,1)',DS(1).pY(1,1);
               DS(1).pX(:,1)',DS(1).pY(1,1);
               DS(1).pX(:,1)',DS(1).pY(1,1);
               DS(1).pX(:,1)',DS(1).pY(1,1)];
plt=ones(5,1);
gen=0;
```

```
n=0;
while n<N
    n=n+1;
    for k=1:K
        [tY,ind]=min(DS(k).pY(1,2:end));
        if DS(k).pY(1,1)>tY
            DS(k).pC=0;
            DS(k).pX(:,1)=DS(k).pX(:,ind+1);
            DS(k).pX(:,2:end)=create(DS(k).pX(:,1),DS(k).pL);
            DS(k).pY=food(A,b,DS(k).pX,m);
        elseif DS(k).pC<=C
            DS(k).pL=DS(k).pL*DS(k).palfa;
            DS(k).pX(:,2:end)=create(DS(k).pX(:,1),DS(k).pL);
            DS(k).pY=food(A,b,DS(k).pX,m);
            if DS(k).pY(1,1)<min(DS(k).pY(1,2:end))
                DS(k).pC=DS(k).pC+1;
            else
                DS(k).pC=0;
            end
        elseif DS(k).pC>C
            DS(k).pX(:,1)=dom(1,1)+d*rand(dim,1);
            DS(k).pX(:,2:end)=create(DS(k).pX(:,1),L);
            DS(k).pY=food(A,b,DS(k).pX,m);
            DS(k).pL=L;
            DS(k).pC=C;
        else
            keyboard
```

```
            end
            sig1=sign(DS(k).pX(1,1));
            sig2=sign(DS(k).pX(2,1));
            if sig1>0 && sig2>0 && Gbest(1,end)>DS(k).pY(1,1)
                Gbest(1,:)=[DS(k).pX(:,1)',DS(k).pY(1,1)];
                gen=n;
            elseif sig1>0 && sig2<0 && Gbest(2,end)>DS(k).pY(1,1)
                Gbest(2,:)=[DS(k).pX(:,1)',DS(k).pY(1,1)];
                gen=n;
            elseif sig1<0 && sig2>0 && Gbest(3,end)>DS(k).pY(1,1)
                Gbest(3,:)=[DS(k).pX(:,1)',DS(k).pY(1,1)];
                gen=n;
            elseif sig1<0 && sig2<0 && Gbest(4,end)>DS(k).pY(1,1)
                Gbest(4,:)=[DS(k).pX(:,1)',DS(k).pY(1,1)];
                gen=n;
            end
        end
        plt(:,n)=[n;Gbest(1,end);Gbest(2,end);Gbest(3,end);Gbest(4,end)];
    end
    time=cputime-time;
    plot(plt(1,:),plt(2:5,:));
```

4.3 数值实验及分析

4.3.1 实验环境及参数

实验使用的计算机软硬件配置:Intel(R) Core(TM) i7-4790K CPU @ 4.00GHz(睿频4.8GHz),32GB双通道DDR3 2400MHz内存,64位Windows 10专业版操作系统,MATLAB版本为2020a。

为消除算法参数、初始值等因素对本章算法的影响,在数值实验中采取如下方法:①每次运行时,使用MATLAB中的随机函数对渔夫位置进行初始化;②对于每一个算例,算法均独立运行20次;③对于所有的算例,将算法的参数统一设置为:渔夫总数 $m=50$,迭代次数最大阈值 $\varphi=100$,步长 $\lambda=0.6$,收缩系数 $\delta=0.5$,最大阈值 $\varepsilon=10$。

4.3.2 实验算例及结果

数值实验中使用的4个算例[7-8]如下。

例4-1 $\boldsymbol{A}=\begin{bmatrix}0.1 & 0.02\\ 0.2 & 0.01\end{bmatrix}$, $\boldsymbol{b}=\begin{bmatrix}-1\\ -2\end{bmatrix}$。由引理4-2可知,该算例存在4个解。

例4-2 $\boldsymbol{A}=\begin{bmatrix}0.01 & 0.02 & 0.03\\ 0.02 & 0.03 & 0.01\\ 0.03 & 0.02 & 0.01\end{bmatrix}$, $\boldsymbol{b}=\begin{bmatrix}-1\\ -2\\ -3\end{bmatrix}$。由引理4-2可知,该算例存在8个解。

例4-3 $\boldsymbol{A}=\begin{bmatrix}4 & 1 & 0 & 0\\ 1 & 4 & 1 & 0\\ 0 & 1 & 4 & 1\\ 0 & 0 & 1 & 4\end{bmatrix}$, $\boldsymbol{b}=\begin{bmatrix}0.1\\ 0.1\\ 0.1\\ 0.1\end{bmatrix}$。由引理4-1可知,该算例存在唯一解。

例 4-4 $A=\begin{bmatrix}10 & 1 & 2 & 0\\1 & 11 & 3 & 1\\0 & 2 & 12 & 1\\1 & 7 & 0 & 13\end{bmatrix}$，$b=\begin{bmatrix}12\\15\\14\\20\end{bmatrix}$。由引理4-1可知，该算例存在唯一解。

不同算法运行结果见表4-1～表4-4。由表4-1～表4-3中的数据可知，在求解例4-1～例4-3时，本章算法在目标函数的最小值、最大值、平均值和方差等关键指标上，所得结果均比其他算法更优。由表4-4中求解例4-4的对比数据可以看出，除PSPSO算法找到的最小值与本章算法一致(均是0)外，本章算法在对比指标上均比其他算法要优。

表4-1　不同算法求解例4-1的目标函数值对比

算法	最小值	最大值	平均值	方差
PSO[7]	1.5751×10^{-8}	5.3489×10^{-6}	1.5569×10^{-6}	3.6777×10^{-12}
LW-PSO[7]	0.0346	3.8701	1.3270	2.6184
LOGW-PSO[7]	0.2369	5.9123	1.1067	3.4523
PSPSO[7]	4.0761×10^{-14}	1.5019×10^{-12}	2.9031×10^{-13}	1.7081×10^{-25}
本章算法	0	6.1630×10^{-33}	3.0815×10^{-33}	1.2661×10^{-65}

表4-2　不同算法求解例4-2的目标函数值对比

算法	最小值	最大值	平均值	方差
PSO[7]	4.2791×10^{-7}	7.3213×10^{-5}	2.0012×10^{-5}	3.8987×10^{-10}
LW-PSO[7]	1.0000	7.5245	2.3607	2.6184
LOGW-PSO[7]	0.9198	8.9450	2.2657	6.2605
PSPSO[7]	3.6143×10^{-14}	8.2334×10^{-13}	8.2334×10^{-13}	6.8757×10^{-25}
本章算法	0	6.1630×10^{-33}	7.7037×10^{-34}	4.7478×10^{-66}

表4-3　不同算法求解例4-3的目标函数值对比

算法	最小值	最大值	平均值	方差
PSO[7]	9.7428×10^{-15}	0.0015	5.4639×10^{-4}	1.4521×10^{-7}
LW-PSO[7]	0.0152	242.0179	96.2340	1.4521×10^{-7}

续表 4-3

算法	最小值	最大值	平均值	方差
LOGW-PSO[7]	0.0200	440.3322	190.8092	2.1048×10^{4}
PSPSO[7]	6.2903×10^{-16}	1.8453×10^{-12}	4.2386×10^{-13}	4.5953×10^{-25}
EDIW-PSO[8]	3.5139×10^{-31}	3.5521×10^{-28}	4.2976×10^{-29}	1.2320×10^{-56}
SOA[8]	1.9300×10^{-2}	9.7448×10^{-2}	5.0623×10^{-2}	4.9212×10^{-4}
SM-SOA[8]	5.8053×10^{-16}	8.6595×10^{-16}	6.2620×10^{-16}	2.4404×10^{-32}
本章算法	7.4148×10^{-33}	1.1547×10^{-30}	3.4836×10^{-31}	1.0504×10^{-61}

表 4-4　不同算法求解例 4-4 的目标函数值对比

算法	最小值	最大值	平均值	方差
PSO[7]	0.0010	0.0465	0.0122	2.2256×10^{-4}
LW-PSO[7]	2.2080×10^{-20}	2.6265×10^{3}	912.2459	7.3522×10^{5}
LOGW-PSO[7]	79.3801	1316	1.9610×10^{3}	1.4735×10^{7}
PSPSO[7]	0	1.8629×10^{-11}	4.0770×10^{-12}	4.1813×10^{-23}
EDIW-PSO[8]	7.8886×10^{-30}	2.6485×10^{-25}	2.7835×10^{-26}	6.9496×10^{-51}
SOA[8]	0.2293	1.6292	0.6061	0.2004
SM-SOA[8]	4.7684×10^{-15}	8.0622×10^{-15}	1.6910×10^{-15}	5.5817×10^{-30}
本章算法	0	4.7332×10^{-30}	6.3109×10^{-31}	1.6769×10^{-60}

表 4-5 中展示的是本章算法求解例 4-1 ~ 例 4-4 的结果(对比算法未给出相关数据),包括算法求得的解、找到解的平均迭代次数以及平均耗时。从表中数据可以看出,本章算法的收敛速度很快,在 100 代以内即可找到算例的最优解,且算法的平均耗时均不超过 0.4 s。

表 4-5 所提算法求解例 4-1 ~ 例 4-4 的结果

算例	解	平均迭代次数	平均耗时/s
例 4-1	$x_1 = (1.1612175874, 2.2547914318)$ $x_2 = (1.0624315444, -2.1905805038)$ $x_3 = (-0.9423604758, 1.8298261665)$ $x_4 = (-0.8762420958, -1.8066847335)$	88.50	0.1117
例 4-2	$x_1 = (1.147057, 2.117546, 3.107841)$ $x_2 = (0.959418, 2.050304, -3.039395)$ $x_3 = (1.061447, -1.991700, 3.022232)$ $x_4 = (-1.121332, 2.070056, 3.038143)$ $x_5 = (0.881464, -1.930142, -2.958258)$ $x_6 = (-0.941355, 2.011702, -2.982172)$ $x_7 = (-1.039382, -1.950297, 2.959407)$ $x_8 = (-0.866195, -1.896705, -2.907010)$	97.56	0.1945
例 4-3	$x = (0.0\dot{2}\dot{7}, 0.0\dot{1}\dot{8}, 0.0\dot{1}\dot{8}, 0.0\dot{2}\dot{7})$	99.47	0.3875
例 4-4	$x = (1, 1, 1, 1)$	99.28	0.3797

4.4 本章小结

本章提出了一种用于求解绝对值方程的捕鱼算法。数值实验结果表明，该算法具有运行耗时低、收敛速度快、求解精度高等优点。这为实际生产研究中获得绝对值方程的解提供了一种有效的算法。

参考文献

[1] ROHN J. Systems of linear interval equations[J], Linear Algebra and its Applications,

1989,126:39-78.

[2]韩继业,修乃华,戚厚铎.非线性互补理论与算法[M].上海:上海科学技术出版社,2006.

[3]ROHN J. A theorem of the alternatives for the equation Ax+B|x| = b[J]. Linear and Multilinear Algebra,2004,52(6):421-426.

[4]MANGASARIAN O L,MEYER R R. Absolute value equations[J]. Linear Algebra and its Applications,2006,419:359-367.

[5]YU Z S,LI L,YUAN Y. A modified multivariate spectral gradient algorithm for solving absolute value equations[J]. Applied Mathematics Letters,2021,121: 107461.

[6]CHEN C R,YANG Y,YU D M,HAN D R. An inverse-free dynamical system for solving the absolute value equations[J]. Applied Numerical Mathematics,2021,168:170-181.

[7]封京梅,刘三阳.基于模式搜索的粒子群算法求解绝对值方程[J].兰州大学学报(自然科学版),2017,53(5): 701-705.

[8]封京梅,刘三阳.基于单纯形法进行局部优化的人群搜索算法求解绝对值方程[J].吉林大学学报(理学版),2019,57(5): 1075-1080.

[9]雍龙泉.一种五阶牛顿迭代法求解绝对值方程[J].数学的实践与认识,2021,51(7): 261-267.

[10]NTAKOLIA C,IAKOVIDIS D K. A swarm intelligence graph-based pathfinding algorithm (SIGPA) for multi-objective route planning[J]. Computers & Operations Research, 2021,133:105358.

[11]陈晓全.基于改进粒子群算法的解耦控制研究与仿真[J].计算机时代,2021,5: 68-72.

[12]张健,范晓武.基于改进蚁群算法的高速公路协同救援路径规划[J].计算机时代, 2021,3: 1-6.

[13]陈建荣,王勇.采用捕鱼策略的优化方法[J].计算机工程与应用,2009,45(9): 53-56.

[14]苗亮亮,陈先中,侯庆文,等.高炉料面传感器布置的混沌捕鱼策略[J].仪器仪表学

报,2014,35(1):132-139.

[15]陈建荣,陈建华.求解 TSP 问题的离散捕鱼策略优化算法[J].计算机科学,2017,44(S1):139-140,160.

[16]陈建荣,陈建华.求解约束优化问题的自适应精英捕鱼算法[J].信息技术,2019,43(4):91-95.

第5章 改进捕鱼算法在函数优化中的应用

群智能优化算法是人们通过模拟生物的行为或者习性提出的一类新型优化算法。这类算法属于随机搜索算法,具有显著的并行性和较强的鲁棒性等优点。因此,近几年,群智能优化算法越来越受到人们的重视[1-7],并在许多领域得到了广泛的应用。

捕鱼算法[8]是以渔夫在江面上捕鱼的群体行为为基本模型的一种优化策略,具有群智能算法的基本特征。该优化方法对于经典的函数优化问题具有较优的性能[8],其与AFSA算法和PSO算法的结合或混合算法[9-10]对非约束和带约束的优化问题,也表现出广阔的应用前景。但该算法也存在渔夫个体撒网方式单一、个体之间无信息共享、无法利用群体信息进行启发式搜索、对于定义域范围较大且局部最优值非常密集的函数优化结果不理想等缺点。

针对捕鱼算法的一些不足,本章提出了一种改进的捕鱼算法(an improved simulating fishing optimization algorithm,ISFOA)。

5.1 ISFOA算法介绍

5.1.1 基本思想及基本方法

首先,渔夫捕鱼,除考虑自己所在位置水中鱼的密度外,还会考虑自己所了解的其他渔夫的捕鱼情况(比如:在某区域能够捕到的鱼特别多)。当渔夫通过自己的搜索,总是找不到较多的鱼,那么他会前往"鱼特别多"的区域捕鱼。这个"鱼特别多"的区域,就是渔夫群体的"共有知识"。

其次,渔夫每次撒网的方向和距离都可能发生变化,并非固定不变。但其撒网的方向和距离具有统计特性,因此我们可以用概率分布来描述渔夫个体的撒网习惯。

针对上述渔夫捕鱼行为特征,作者提出了 ISFOA 算法。该算法增加了一种新的搜索策略,即"沿途搜索"策略,并将渔夫撒网方式改为概率分布的方式。

5.1.2 沿途搜索策略和概率分布撒网方式

设 $D = D_1 \times D_2 \times \cdots \times D_n$ 为有限闭区域(即渔夫捕鱼的水域范围),$X = (x_1, x_2, \cdots, x_n) \in D$ 为渔夫所处位置,$f(X)$ 为 D 上连续的目标函数(即水中鱼的密度函数)。渔夫的目标是在 D 中搜索 $f(X)$ 的最优值,即寻找水域 D 中鱼密度最高的位置。

算法设置有群公告板 G_best 和渔夫个体公告板 P_i_best(其中 $i = 1, 2, \cdots, k$, k 为渔夫总数)。群公告板记录当前渔夫群体找到的最优解 X_G 及最优值 $f(X_G)$ 。渔夫个体公告板记录渔夫在执行沿途搜索之前发现的最优值 $f(X_i^P)$,渔夫 i 的撒网点集为 Ω_i ,给定步长 L 及连续收缩操作次数最大阈值 C 。

(1)沿途搜索策略

当渔夫通过自己的努力在当前位置无法找到更多的鱼时,便会主动向群体最优位置靠近,并且沿途不断地撒网捕鱼,直到找到令他满意的捕鱼位置或者到达群体最优位置为止。这就是沿途搜索策略。具体搜索过程描述如下:

若 i 渔夫在位置 X_i^P 执行收缩操作次数达到给定的阈值 C ,且同时满足 $f(X_i^P) < f(X_G)$ 和 $d(X_i^P, X_G) > L$ [其中, $d(X_i^P, X_G)$ 为 X_i^P 与 X_G 的距离,本章 $d(\cdot)$ 采用欧式距离],那么 i 渔夫便开始执行"沿途搜索",将 $f(X_i^P)$ 记录到个体公告板 P_i_best,并以步长 L 向 X_G 靠近。i 渔夫每向位置 X_G 靠近一步,都重新构造一次撒网点集 Ω_i 。任意时刻,设 i 渔夫移动到位置 $X_i^{P\prime}$,则其根据下列情况选择下一步行动:

1) $\exists X_m \in \Omega_i$,使得 $f(X_m) > f(X_G)$,则终止沿途搜索,在位置 X_m 执行移动搜索;

2) $\forall X_m \in \Omega_i$,都有 $f(X_m) < f(X_G)$,若 $d(X_i^{P\prime}, X_G) > L$,则继续执行沿途搜索,向 X_G

靠近;若 $d(X_i^{P}{}',X_G) \leqslant L$,则终止沿途搜索,并重新随机初始化。

上述沿途搜索过程中,渔夫终止沿途搜索的条件之一是找到比全局最优值更优的值,即 $f(X_m) > f(X_G)$ 。若将该判断条件改为 $f(X_m) > f(X_i^P)$,其他不变,则得到另外一个版本的沿途搜索流程。我们称使用 $f(X_m) > f(X_G)$ 判断式的 ISFOA 算法为全局版 ISFOA 算法,称使用 $f(X_m) > f(X_i^P)$ 判断式的算法为个体版 ISFOA 算法。渔夫沿途搜索前进方向及步长示意图如图 5-1 所示。

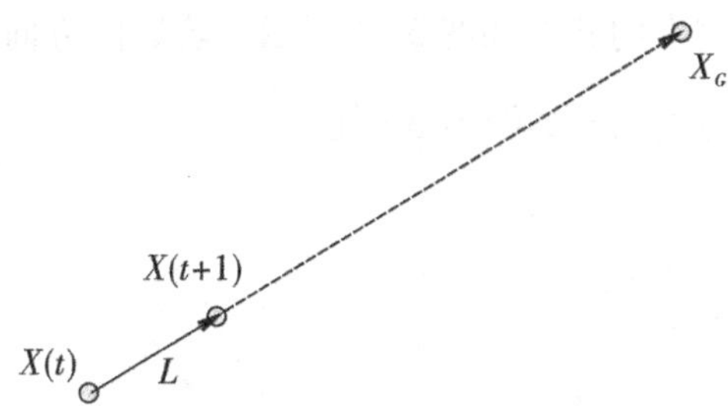

图 5-1　渔夫沿途搜索前进方向及步长示意图

例 5-1　(全局版 ISFOA)如图 5-1 所示,在 t 时刻,群公告板中记录的位置为 X_G , i 渔夫位置为 $X(t)$,其收缩操作次数达到阈值 C ,且满足 $f[X(t)] < f(X_G)$ 和 $d[X(t),X_G] > L$,那么 i 渔夫将 $f[X(t)]$ 记录到个体公告板 P_i_best,并开始执行沿途搜索策略,从位置 $X(t)$ 以 L 为步长向 X_G 靠近一步,到达位置 $X(t+1)$ 。图 5-1 中虚线箭头表示 i 渔夫前进的方向,实线箭头表示 i 渔夫前进的路径。接着, i 渔夫在位置 $X(t+1)$ 撒网,得到撒网点集 $\Omega(t+1)=\{X(t+1)_1,X(t+1)_2,\cdots,X(t+1)_j,\cdots,X(t+1)_m\}$ (其中, m 为撒网次数)。若 $\exists f[X(t+1)_j] > f(X_G)$,则 i 渔夫终止沿途搜索,转为在 $X(t+1)_j$ 位置执行移动搜索;否则, i 渔夫继续执行沿途搜索,直到某一时刻 t' 满足 $d[X(t'),X_G] \leqslant L$,该渔夫重新进行初始化。

(2)概率分布撒网方式

概率分布撒网方式是指,利用不同的概率分布形式来模拟渔夫撒网点的分布情况。引入概率分布撒网方式后,可以通过设置不同的概率分布函数来控制渔夫撒网点的分布,从而使算法能够更好地模拟现实中渔夫们各种各样的撒网习惯。

定义 5-1　以渔夫当前位置 X_i^P 指向位置 X_G 的方向为参照方向 $\vec{v}_i^G$,渔夫撒网的方向

为 $\vec{v}_i^P$，θ 为 $\vec{v}_i^G$ 与 $\vec{v}_i^P$ 之间的夹角，$0 < \theta \leqslant 2\pi$，若随机变量 θ 满足概率分布 $F(\cdot)$，则称 $F(\cdot)$ 为渔夫撒网方向的概率分布。

定义 5-2 渔夫当前位置 X_i^P 到渔网落点（假设渔网为一个无体积的点）位置 X' 之间的距离 $\Delta L = d(X_i^P, X') > 0$[其中，$d(X_i^P, X')$ 为 X_i^P 与 X' 的距离，本章 $d(\cdot)$ 采用欧式距离]，若随机变量 ΔL 满足概率分布 $P(\cdot)$，则称 $P(\cdot)$ 为渔夫撒网距离的概率分布。

例 5-2 渔夫位置为 $(0,0)$，给定撒网半径 $L = 1$。假设其撒网方向和撒网距离都服从均匀分布，那么渔夫撒网点的状态如图 5-2 所示。若撒网方向服从均匀分布，撒网距离服从高斯分布，则撒网点的状态如图 5-3 所示。

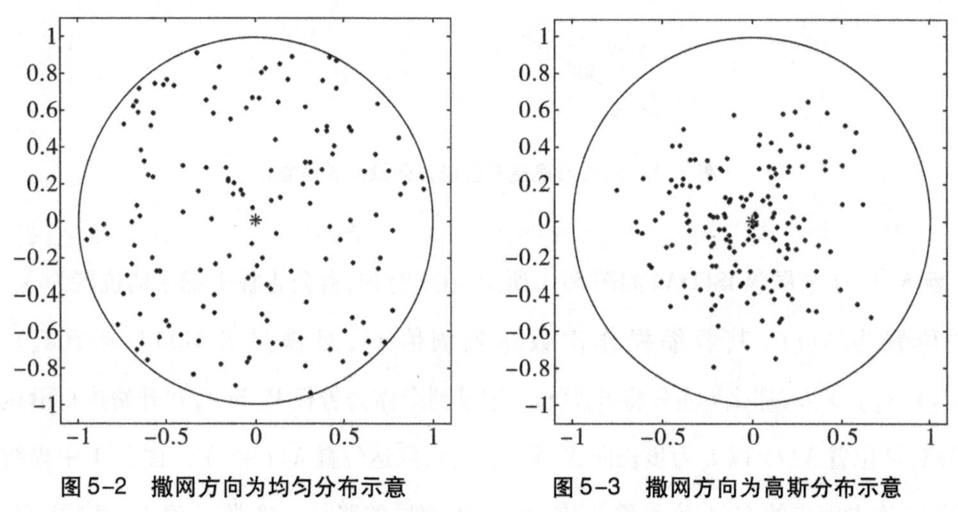

图 5-2 撒网方向为均匀分布示意　　**图 5-3 撒网方向为高斯分布示意**

注：本章撒网方向服从均匀分布，撒网距离服从高斯分布。

5.1.3 算法流程

ISFOA 算法设置有群体公告板 G_best 和渔夫个体公告板 P_i_best（其中 $i = 1, 2, \cdots, k$）。

输入：k、L、m、α、σ、C、N // k 为渔夫总数，L 为步长，m 为撒网次数，α 为收缩系数，σ 为标准差，C 为收缩操作次数阈值，N 为迭代次数最大阈值。

过程：

步骤 1:在定义域 D 范围内随机产生 k 个渔夫,并将当前找到的最优值及最优解记录到群公告板 G_best。$i \leftarrow 1$, $n \leftarrow 1$。

步骤 2:若 $i \leqslant k$,则 i 渔夫执行下列操作,否则转步骤 4。

1)若满足移动搜索条件,执行移动搜索,转步骤 3。

2)若满足收缩搜索条件,执行收缩搜索,转步骤 3。

3)若满足沿途搜索条件,执行沿途搜索,转步骤 3。

步骤 3: $i \leftarrow i + 1$。若找到比 G_best 更优的值,则更新 G_best。转步骤 2。

步骤 4: $n \leftarrow n + 1$。若 $n > N$,算法终止,否则 $i \leftarrow 1$,转步骤 2。

输出:最优解 X^* 及最优值 Y_m。

主程序伪代码如下。

```
function [G_best,gen,time]=main(M,L,m,alfa,sigma,C,U,N)
time=cputime;
D1=[-100,100];
D2=[-100,100];
Fx=@(x1,x2) -((x1.^2+x2.^2).^0.25.*((sin(50*(x1.^2+x2.^2).^0.1)).^2+1.0));
fisher=zeros(3*M,m+3);
for i=1:M
    fisher(3*i-2:3*i-1,m+2)=random(D1,D2);
    fisher(3*i-2,m+1)=L;
    fisher(3*i-2:3*i-1,1:m)=create(fisher(3*i-2:3*i-1,m+2),D1,D2,L,m,sigma);
    fisher(3*i-1:3*i,m+1)=nan;
    fisher(3*i,end)=nan;
    fisher(3*i-2,end)=-1;
    fisher(3*i,[1:m,m+2])=food(fisher(3*i-2:3*i-1,[1:m,m+2]),Fx);
end
```

```
G_best=fisher(1:3,m+2);
plt=[1;G_best(3,1)];
u=0;
n=1;
k=1;
while u<U && n<=N
    for i=1:M
        [ty,id]=max(fisher(3*i,1:m));
        if fisher(3*i-1,end)==0 && ty>fisher(3*i,m+2)
            fisher(3*i-2:3*i,m+2)=fisher(3*i-2:3*i,id);
            fisher(3*i-2:3*i-1,1:m)=create(fisher(3*i-2:3*i-1,m+2),
D1,D2,fisher(3*i-2,m+1),m,sigma);
            fisher(3*i,1:m)=food(fisher(3*i-2:3*i-1,1:m),Fx);
            fisher(3*i-2,end)=-1;
        elseif fisher(3*i-1,end)==0 && fisher(3*i-2,end)<=C
            fisher(3*i-2,m+1)=alfa*fisher(3*i-2,m+1);
            fisher(3*i-2:3*i-1,1:m)=create(fisher(3*i-2:3*i-1,m+2),
D1,D2,fisher(3*i-2,m+1),m,sigma);
            fisher(3*i,1:m)=food(fisher(3*i-2:3*i-1,1:m),Fx);
            fisher(3*i-2,end)=fisher(3*i-2,end)+1;
        elseif fisher(3*i-1,end)==1
            fisher(3*i-2:3*i,:)=moveto(fisher(3*i-2:3*i,:),G_best,D1,
D2,L,m,Fx,sigma);
        elseif fisher(3*i-1,end)==0 && fisher(3*i-2,end)>C
            if distance(fisher(3*i-2:3*i-1,m+2),G_best(1:2,1))>fisher(3*
i-2,m+1)
                fisher(3*i-1,end)=1;
```

```
                    fisher(3 * i-2:3 * i,:) = moveto(fisher(3 * i-2:3 * i,:),G_best,D1,D2,L,m,Fx,sigma);
                else
                    fisher(3 * i-2:3 * i-1,m+2) = random(D1,D2);
                    fisher(3 * i-2,m+1) = L;
                    fisher(3 * i-2,end) = -1;
                    fisher(3 * i-2:3 * i-1,1:m) = create(fisher(3 * i-2:3 * i-1,m+2),D1,D2,L,m,sigma);
                    fisher(3 * i,[1:m,m+2]) = food(fisher(3 * i-2:3 * i-1,[1:m,m+2]),Fx);
                end
            else
                keyboard
            end
            if fisher(3 * i,m+2)>G_best(3,1)
                G_best=fisher(3 * i-2:3 * i,m+2);
                gen=n;
                if n==1
                    plt(2,1)= G_best(3,1);
                else
                    k=k+1;
                    plt(1,k)=n;
                    plt(2,k)= G_best(3,1);
                end
            end
        end
        n=n+1;
```

```
end
time=cputime-time;
plot(plt(1,:),plt(2,:));
```

5.2 实验分析

5.2.1 实验环境

本实验采用 Intel Core 2 Due T7600 @2.33GHz、2GB 内存、HITACHI PATA 7200 转 100GB 硬盘的 PC 机，以及 Windows 7 SP1 操作系统。仿真软件为 MATLAB 2010b。

5.2.2 测试函数

本章使用以下 5 个函数测试算法性能：

Peaks 函数：

$$J_1(x,y)=3\,(1-x)^2\mathrm{e}^{-[x^2+(y+1)^2]}-10\left(\frac{x}{5}-x^3-y^5\right)\mathrm{e}^{-(x^2+y^2)}-\left(\frac{1}{3}\right)\mathrm{e}^{-[(x+1)^2+y^2]}$$

Rastrigin's 函数：

$$J_2(x,y)=20+[x^2-10\cos(2\pi x)+y^2-10\cos(2\pi y)]$$

Circles 函数：

$$J_3(x,y)=(x^2+y^2)^{0.25}\{(\sin^2[50\,(x^2+y^2)0.1]\}+1.0)$$

Staircase 函数：

$$J_4(x,y)=25-\lfloor x\rfloor-\lfloor y\rfloor$$

One-peak 函数：

$$J_5(x,y)=\cos x\cos y\ \mathrm{e}^{[-(x-\pi)^2-(y-\pi)^2]}$$

5.2.3 实验说明及算法参数设置

为了能详细地测试算法性能受函数定义域范围影响的程度，本章使用大小两种定义域:小定义域 $D_S = 20 \times 20$(即 $x,y \in [-10,10]$),大定义域 $D_L = 200 \times 200$(即 $x,y \in [-100,100]$)。

各算法尽量使用相同参数,以减少参数对算法性能的影响。

对 D_S 范围的测试,统一参数为:渔夫群体规模 $k = 10$,步长 $L = 5$,收缩系数 $\alpha = 0.2$,收缩搜索阈值 $C = 5$,算法迭代次数 $N = 1000$。ISFOA 算法标准差统一为 $\sigma = 0.3$;撒网次数 m,除函数 J_3 为 20 次外,其余函数均统一为 8 次。

对 D_L 范围的测试,除步长 $L = 20$ 外,其他参数均采用与 D_S 范围测试相同的值。

5.2.4 实验结果

由于 ISFOA 和基本 FSOA 算法均属于随机算法,为消除随机性的影响,各算法均连续独立运行 50 次,运行结果记录在表 5-1 和表 5-2 中。其中,“个体 ISFOA”“全局 ISFOA”和“基本 FSOA”分别指个体版 ISFOA 算法、全局版 ISFOA 算法和基本 FSOA 算法;“平均值及标准差”为这 50 次运行结果的平均值及标准差;“平均迭代次数”为这 50 次运行中找到的最优值的平均迭代次数;“平均运行时间”为这 50 次运行的平均耗时。

表 5-1　算法性能对比(小定义域)

函数	算法	平均值及标准差	平均迭代次数	平均运行时间/s
J_1	个体 ISFOA	8.106213589442346 ±1.287936171789407e-029	2.260400000000000e+002	0.717187500000000
	全局 ISFOA	8.106213589442346 ±1.268617129212566e-029	2.118800000000000e+002	0.721250000000000
	基本 FSOA	8.106213589442346 ±1.976982023696740e-029	35.700000000000003	1.544375000000000

续表 5-1

函数	算法	平均值及标准差	平均迭代次数	平均运行时间/s
J_2	个体 ISFOA	0 ±0	1.468200000000000e + 002	0.670625000000000
	全局 ISFOA	0 ±0	1.470400000000000e + 002	0.642812500000000
	基本 FSOA	0 ±0	29.440000000000001	1.461562500000000
J_3	个体 ISFOA	0 ±0	6.362400000000000e + 002	2.892187500000000
	全局 ISFOA	0 ±0	6.373200000000001e + 002	2.857812500000000
	基本 FSOA	0.043591227876578 ±0.002200452823338	58.640000000000001	2.516562500000000
J_4	个体 ISFOA	45 ±0	3.460000000000000	0.653125000000000
	全局 ISFOA	45 ±0	3.060000000000000	0.661562500000000
	基本 FSOA	45 ±0	1.720000000000000	1.511250000000000
J_5	个体 ISFOA	1 ±0	36.920000000000002	0.648125000000000
	全局 ISFOA	1 ±0	36.840000000000003	0.645937500000000
	基本 FSOA	1 ±0	28.620000000000001	1.482187500000000

表 5-2 算法性能对比(大定义域)

函数	算法	平均值及标准差	平均迭代次数	平均运行时间/s
J_1	个体 ISFOA	8.106213589442346 ±1.287936171789407e-029	2.108600000000000e+002	0.748437500000000
	全局 ISFOA	8.106213589442346 ±1.558402767865182e-029	2.746400000000000e+002	0.819687500000000
	基本 FSOA	8.067513750134081 ±0.044287159692281	1.003600000000000e+002	1.525625000000000
J_2	个体 ISFOA	0 ±0	1.201000000000000e+002	0.636875000000000
	全局 ISFOA	0 ±0	1.272400000000000e+002	0.635000000000000
	基本 FSOA	0.390813062231730 ±0.236269978610037	48.460000000000001	1.459062500000000
J_3	个体 ISFOA	0 ±0	6.570400000000000e+002	2.866875000000000
	全局 ISFOA	0 ±0	6.661000000000000e+002	2.851875000000000
	基本 FSOA	0.069492825030623 ±0.006431890868459	66.780000000000001	2.500937500000000
J_4	个体 ISFOA	225 ±0	8.420000000000000	0.633750000000000
	全局 ISFOA	225 ±0	8.580000000000000	0.638750000000000
	基本 FSOA	225 ±0	1.162800000000000e+002	1.489062500000000
J_5	个体 ISFOA	1 ±0	50.439999999999998	0.660000000000000
	全局 ISFOA	1 ±0	49.240000000000002	0.726875000000000
	基本 FSOA	0.998131436507357 ±8.294457657399226e-005	61.859999999999999	1.456250000000000

5.2.5 实验结论

从表 5-1 和表 5-2 中的测试结果可得出以下结论：

D_S 范围测试：①从平均值及标准差上看，ISFOA 算法对于所有测试函数都能精确地找到其全局最优值，且优化性能十分稳定。而基本 FSOA 算法除无法找到函数 J_3 的最优值外，亦能准确地收敛到函数的全局最优值。②从迭代次数和算法运行时间上看，虽然 ISFOA 算法迭代次数较基本 FSOA 要高，但其迭代速度极快。ISFOA 算法的运行时间约为基本 FSOA 算法的一半。

D_L 范围测试：①从平均值及标准差可以看出，ISFOA 算法对于所有测试函数都能精确稳定地收敛到全局最优值。而基本 FSOA 只能找到函数 J_4 的全局最优值。②从迭代次数及运行时间上看，ISFOA 算法每次都能快速地收敛到全局极值，但基本 FSOA 算法均存在早熟收敛或陷入局部最优的情况。ISFOA 算法的运行时间约为基本 FSOA 算法的一半。

最终结论：①ISFOA 算法对定义域范围变化不敏感，寻优精度、收敛速度和算法稳定性几乎不受定义域变化的影响。而基本 FSOA 算法对定义域范围较大的函数寻优性能不稳定，易出现早熟收敛或陷入局部最优的情况。②ISFOA 算法对函数性态不敏感，对于像 J_2 和 J_3 这样局部极值十分密集的函数，算法也能精确快速稳定地收敛到全局最优。而基本 FSOA 算法对于局部极值密集的函数性能较差。③ISFOA 算法效率比基本 FSOA 算法高，其运行时间明显比基本 FSOA 算法短。

5.3 本章小结

本章提出了一种改进的模拟捕鱼寻优算法——ISFOA 算法。通过引入沿途搜索策略和概率分布撒网方式，算法性能得到了显著提升。数值试验表明，ISFOA 算法与基本 FSOA 算法相比，具有更快的收敛速度和更优的全局搜索性能，不管函数性态及定义域如何变化，ISFOA 算法均能保持较高的精度和良好的稳定性，避免了陷入局部极值。因此，该改进算法对于解决复杂函数的优化问题是非常有效和可行的。

参考文献

[1] DORIGO M, GAMBARDELLA L M, MIDDENDORF M, et al. Guest editorial: special section on ant colony optimization [J]. IEEE Transactions on Evolutionary Computation, 2002, 6(4): 317-319.

[2] SHI Y, EBERHART R C. Empirical Study of Particle swarm Optimization [C]// Ptoceedings of the 1999 Congresson Evolutionary Computation. Piscataway, NJ: IEEE Service Center, 1999: 1945-1950.

[3] THERAULAZ G, BONABEAU E, DENEUBOURG J L. Response threshold reinforcement and division of labour in insect societies[A]. The Royal Society Proceedings B, 1998, 265 (1393): 327-335.

[4]李晓磊,邵之江,钱积新.一种基于动物自治体的寻优模式:鱼群算法[J].系统工程理论与实践,2002,22(11):32-38.

[5] EUSUFFM M, LANSEY K E. Optimization of Water Distribution Network Design Using Shuffled Frog Leaping Algorithm [J]. Journal of Water Resources Planning and Management, 2003, 129(3): 210-225.

[6]周永华,毛宗源.一种新的全局优化搜索算法:人口迁移算法(Ⅰ)[J].华南理工大学学报(自然科学版),2003,31(3):1-5.

[7] KRISHNANAND K N, GHOSE D. Detection of multiple source locations using a glowworm metaphorwith applications to collective robotics // Proceedings of IEEE swarm intelligence symposium. Piscataway: IEEE Press, 2005: 84-91.

[8]陈建荣,王勇.采用捕鱼策略的优化方法[J].计算机工程与应用,2009,45(9):53-56.

[9]庞兴,王勇.PSO与捕鱼策略相结合的优化方法[J].计算机工程与应用,2011,47(8):36-50.

[10]陈建荣,王勇.一种人工鱼算法与捕鱼算法相结合的优化方法[J].计算机应用与软件,2011,28(4):196-199.

第6章 改进捕鱼算法在绝对值方程求解中的应用

关于绝对值方程(absolute value equations,AVEs)的研究主要来源于两个方面[1-3]:一是区间线性方程,二是线性互补问题。自 Rohn[4] 和 Mangasarian 等[5] 在绝对值方程相关理论方面做出了开创性的研究工作后,众多学者对绝对值方程开展了较为广泛的研究,并取得了较为丰富的成果[6-10]。张晓敏[6] 使用神经网络算法对绝对值方程进行求解。封京梅等[8] 提出了基于单纯性法进行局部优化的人群搜索算法求解绝对值方程。雍龙泉[9] 则提出一种五阶牛顿迭代法来获得绝对值方程的解。Dong 等[10] 提出一种求解绝对值方程的新的 SOR-like 方法。

群智能优化算法[11] 作为演化计算技术的一类,是一种能够解决大多数全局优化问题的有效方法,且因其具有潜在的并行性和分布式特征而得到了广泛的研究和应用[12-13]。捕鱼算法是通过观察和模拟渔夫在江面上捕鱼的行为习惯而提出的一种群智能算法,该算法被应用于函数寻优和求解约束优化等问题,并表现出较好的性能[14-16]。

6.1 问题与转化

一般而言,绝对值方程问题的形式如下[4]:

$$\boldsymbol{Ax} - |\boldsymbol{x}| = \boldsymbol{b} \tag{6-1}$$

式中,系数矩阵 $\boldsymbol{A}$ 为 n 阶方阵;$\boldsymbol{x}$ 和 $\boldsymbol{b}$ 为 n 维向量;符号 $|\boldsymbol{x}|$ 表示对向量 $\boldsymbol{x}$ 中的每一个分量取绝对值。

引理6-1[1] 如果n阶系数矩阵$\boldsymbol{A}$的所有奇异值均大于1,那么对于任意n维向量$\boldsymbol{b}$,式(6-1)的解存在且唯一;如果矩阵$\boldsymbol{A}$满足$||\boldsymbol{A}^{-1}||$小于等于1,那么对于任意n维向量$\boldsymbol{b}$,式(6-1)的解存在且唯一。

引理6-2[1] 如果$\boldsymbol{b}$小于零,且$||\boldsymbol{A}||_\infty$小于$\dfrac{\min_i|\boldsymbol{b}_i|/\max_i|\boldsymbol{b}_i|}{2}$,那么,式(6-1)有完全不同的$2^n$个解,且每一个解都没有零分量,符号也不相同。

为求解式(6-1),先将其转化为最小化问题[7]:

$$\min f(\boldsymbol{x})=\frac{(\boldsymbol{A}\boldsymbol{x}-|\boldsymbol{x}|-\boldsymbol{b})^{\mathrm{T}}(\boldsymbol{A}\boldsymbol{x}-|\boldsymbol{x}|-\boldsymbol{b})}{2} \tag{6-2}$$

6.2 改进捕鱼算法

6.2.1 算法参数

改进捕鱼算法在运行前,需要设置的算法参数包括迭代次数最大阈值ϑ、渔夫总数θ、步长τ、收缩系数σ、撒网次数m和阈值ω。此外,为了记录每一次迭代中找到的最优值$Z(\boldsymbol{x}^*)$和对应的最优解$\boldsymbol{x}^*$,算法设置有公告板。

6.2.2 渔夫个体及目标函数

用n维向量$\boldsymbol{x}_j=(x_{j,1},x_{j,2},\cdots,x_{j,k},x_{j,k+1},\cdots,x_{j,n})^{\mathrm{T}}$来表示渔夫群体中的第$j$个个体所处的位置。此外,由式(6-2)得到目标函数为

$$Z(\boldsymbol{x})=\boldsymbol{U}^{\mathrm{T}}\boldsymbol{U}/2 \tag{6-3}$$

式中,$\boldsymbol{U}=\boldsymbol{A}\boldsymbol{x}-|\boldsymbol{x}|-\boldsymbol{b}$。于是,第$j$个渔夫所处位置对应的目标函数值为$Z(\boldsymbol{x}_j)$。

6.2.3 撒网方法与改进

根据分析可知,捕鱼算法的撒网点集中数据点的数量是3^n,也就是说,每一个渔夫的

撒网点集的规模会随着所求解问题的维数而呈现指数级增长。例如,对于二维的问题,渔夫撒网点的个数是 $3^n=3^2=9$;而当问题的维数变成五维的时候,渔夫撒网点的个数就是 $3^n=3^5=243$;当维数是十维的时候,对应撒网点的个数是 $3^{10}=59049$。注意到,在撒网点集中的数据点都是向量(一维问题时为标量),因此,对于十维的问题,在算法每一次迭代过程中,至少需要存储 59049 个十维向量。

此外,由于在每次产生撒网点集之后,需要计算出所有撒网点对应的目标函数值,渔夫才能根据这些结果来选择下一步的搜索行为(即选择何种搜索方法)。以上述的十维问题为例,渔夫的撒网点数是 59049,那么需要计算这 59049 个点对应的目标函数的值,也就是需要计算 59049 次函数的值。按照渔夫总数 $\theta=100$ 计算,每一次迭代就需要计算 5904900 次目标函数值。倘若目标函数值的计算相对复杂,则需要消耗大量的运算资源,从而使算法效率大大降低。

为了降低计算机系统内存的使用和减少目标函数的计算次数,受到文献[15]的启发,本章对捕鱼算法的撒网方法进行改进。具体而言,在改进捕鱼算法中,第 j 个渔夫的撒网点集由下式给出:

$$\aleph_j=\{\boldsymbol{x}_j^q=(x_{j,1}^q,\cdots,x_{j,k}^q,\cdots,x_{j,n}^q)\mid x_{j,k}^q=x_{j,k}-\tau[1-2\times\mathrm{rand}(\quad)],q=1,2,\cdots,m\} \tag{6-4}$$

式中,$j=1,2,\cdots,\theta$;rand( )返回一个在区间(0,1)内均匀分布的随机数。

6.2.4 程序流程

现将改进捕鱼算法的流程简单描述如下。

输入:迭代次数最大阈值 ϑ、渔夫总数 θ、步长 τ、收缩系数 σ、撒网次数 m 和阈值 ω。

输出:最优值 $Z(\boldsymbol{x}^*)$ 和最优解 $\boldsymbol{x}^*$。

步骤 1:对 θ 个渔夫进行随机初始化。

步骤 2:如果当前迭代次数已达到迭代次数最大阈值 ϑ,算法停止并输出结果,否则转步骤 3。

步骤 3:根据式(6-3)分别计算出 θ 个渔夫各自的目标函数值 $Z(\boldsymbol{x}_j)$,$j=1,2,\cdots,\theta$。

步骤 4：根据式(6-4)产生 θ 个渔夫的撒网点集，并用式(6-3)计算出点集中所有的点对应的目标函数值。

步骤 5：根据下述三条规则依次对 θ 个渔夫进行状态更新，并转步骤 2。

1）若 $\min_{x_j^q \in \aleph_j} Z(\boldsymbol{x}_j^q) = Z(\boldsymbol{x}') < Z(\boldsymbol{x}_j)$，则第 j 个渔夫移动到位置 x'，令 $w_j = 0$；

2）若 $\min_{x_j^q \in \aleph_j} Z(\boldsymbol{x}_j^q) \geqslant Z(\boldsymbol{x}_j)$，则第 j 个渔夫保持在原来的位置，令步长 $\tau' = \tau \times \sigma$，$w_j = w_j + 1$；

3）若 $w_j \geqslant \omega$，则对第 j 个渔夫进行重新随机初始化。

主程序伪代码如下。

```
function [Gbest,gen,time]=AVEmain(K,L,alfa,C,N,M)
A=[4,1,0,0;
    1,4,1,0;
    0,1,4,1;
    0,0,1,4];
b=[0.1;0.1;0.1;0.1];
dom=[-4,4];
d=dom(1,2)-dom(1,1);
dim=size(b,1);
time=cputime;
DS=struct('pX',{},...
    'pY',{},...
    'pL',{},...
    'palfa',{},...
    'pC',{});
m=M+1;
for i=1:K
    DS(i).pX=zeros(dim,m);
    DS(i).pX(:,1)=dom(1,1)+d*rand(dim,1);
```

```
    DS(i).pX(:,2:end)=create(DS(i).pX(:,1),L,M);
    DS(i).pY=food(A,b,DS(i).pX,m);
    DS(i).pL=L;
    DS(i).palfa=alfa;
    DS(i).pC=0;
end
Gbest=[DS(1).pX(:,1)',DS(1).pY(1,1)];
plt=ones(2,1);
gen=0;
n=0;
while n<N
    n=n+1;
    for k=1:K
        [tY,ind]=min(DS(k).pY(1,2:end));
        if DS(k).pY(1,1)>tY
            DS(k).pC=0;
            DS(k).pX(:,1)=DS(k).pX(:,ind);
            DS(k).pX(:,2:end)=create(DS(k).pX(:,1),DS(k).pL,M);
            DS(k).pY=food(A,b,DS(k).pX,m);
        elseif DS(k).pC<=C
            DS(k).pL=DS(k).pL*DS(k).palfa;
            DS(k).pX(:,2:end)=create(DS(k).pX(:,1),DS(k).pL,M);
            DS(k).pY=food(A,b,DS(k).pX,m);
            if DS(k).pY(1,1)<min(DS(k).pY(1,2:end))
                DS(k).pC=DS(k).pC+1;
            else
                DS(k).pC=0;
```

```
                end
          elseif DS(k).pC>C
                DS(k).pX(:,1)=dom(1,1)+d*rand(dim,1);
                DS(k).pX(:,2:end)=create(DS(k).pX(:,1),L,M);
                DS(k).pY=food(A,b,DS(k).pX,m);
                DS(k).pL=L;
                DS(k).pC=C;
          else
                keyboard
          end
          if Gbest(1,end)>DS(k).pY(1,1)
                Gbest(1,:)=[DS(k).pX(:,1)',DS(k).pY(1,1)];
                gen=n;
          end
     end
     plt(:,n)=[n;Gbest(1,end)];
end
time=cputime-time;
plot(plt(1,:),plt(2,:));
```

6.3 数值实验与对比分析

6.3.1 实验环境与说明

数值实验部分所使用的台式计算机硬件配置为:Intel(R) Core(TM) i7-4790K CPU @ 4.00GHz(睿频 4.8GHz),32GB 双通道 DDR3 2400MHz 内存;软件环境为 64 位

Windows 10 专业版操作系统,MATLAB 版本为 2020a。

数值实验分为两个部分,其中第一部分是改进捕鱼算法与其他群智能算法性能的对比,第二部分是使用捕鱼算法与改进捕鱼算法求解绝对值方程的结果对比。为简单起见,下文中以改进算法指代改进捕鱼算法。

此外,为了能更好地检验算法的性能,在数值实验中采取以下方法:①在每一次算法开始运行时,均使用 MATLAB 中的随机函数对渔夫位置进行随机初始化;②对于每一个算例,算法均独立运行 20 次,并记录和统计最后结果。

6.3.2 结果与分析

数值实验中使用的 4 个算例[7-8]如下。

例 6-1[7-8] $\boldsymbol{A}=\begin{bmatrix}4&1&0&0\\1&4&1&0\\0&1&4&1\\0&0&1&4\end{bmatrix}$, $\boldsymbol{b}=\begin{bmatrix}0.1\\0.1\\0.1\\0.1\end{bmatrix}$。由引理 6-1 可知,该算例有唯一解。

例 6-2[7-8] $\boldsymbol{A}=\begin{bmatrix}10&1&2&0\\1&11&3&1\\0&2&12&1\\1&7&0&13\end{bmatrix}$, $\boldsymbol{b}=\begin{bmatrix}12\\15\\14\\20\end{bmatrix}$。由引理 6-1 可知,该算例有唯一解。

例 6-3[8] $\boldsymbol{A}$ 和 $\boldsymbol{b}$ 由下面的 MATLAB 命令产生:

```
rand('state',0);
R=rand(n,n);
b=100*rand(n,1);
A=R'*R+5*eye(n);
```

由引理 6-1 可知,该算例有唯一解。

例 6-4[8]　$\boldsymbol{A}=\begin{bmatrix} 0.2 & 0.1 & & & \\ 0.1 & 0.2 & 0.1 & & \\ & \ddots & \ddots & \ddots & \\ & & 0.1 & 0.2 & 0.1 \\ & & & 0.1 & 0.2 \end{bmatrix}$，$\boldsymbol{b}=\begin{bmatrix} -1 \\ -1 \\ \vdots \\ -1 \\ -1 \end{bmatrix}$。由引理6-2可知，该算例有 2^n 个解，n 是矩阵 $\boldsymbol{A}$ 的阶数。

1）第一部分，捕鱼算法与改进算法性能对比。这里将捕鱼算法和改进算法的参数统一设置为：迭代次数最大阈值 $\vartheta=800$，群体规模 $\theta=10$，步长 $\tau=0.8$，收缩系数 $\sigma=0.8$，撒网次数 $m=27$（仅改进算法有此参数），阈值 $\omega=10$。

两种算法的运行结果如表 6-1 所示。从表中可以看出，在求解维数较低的问题时，如例 6-1 和例 6-2，两种算法的求解效果和精度都表现优异。但当问题达到十维的时候，如例 6-3（$n=10$）和例 6-4（$n=10$），改进算法在最小值、最大值、平均值和方差 4 个指标上相较于捕鱼算法效果更优。从运行时间上看，改进算法的耗时明显比捕鱼算法要低得多，这说明改进之后算法的计算量有较大幅度的下降，求解问题的速度得到了提高。值得注意的是，当 $n=20$ 时，如例 6-3（$n=20$）和例 6-4（$n=20$），因捕鱼算法所需内存容量远大于 32GB 的系统内存而导致无法运行，所以表 6-1 中未能给出相应的计算结果。然而，改进算法对于求解 $n=20$ 的问题时表现出良好的性能，不仅获得了较高的求解精度，且其运行耗时和低维问题相比并没有显著提高，这说明本章对捕鱼算法的改进是有效的。

表 6-1　捕鱼算法与改进算法结果对比

算例	算法	最小值	最大值	平均值	方差	平均迭代次数	运行时间/s
例 6-1	捕鱼算法	0	0	0	0	367.35	0.6281
	改进算法	0	0	0	0	283.05	0.3563
例 6-2	捕鱼算法	0	0	0	0	318.85	0.6273
	改进算法	0	0	0	0	258.80	0.3555
例 6-3（$n=10$）	捕鱼算法	6.0671×10^{2}	6.0671×10^{2}	6.0671×10^{2}	1.360×10^{-26}	781.00	402.6484
	改进算法	2.5244×10^{-29}	2.5244×10^{-29}	2.5244×10^{-29}	0	409.00	0.3961

续表 6-1

算例	算法	最小值	最大值	平均值	方差	平均迭代次数	运行时间/s
例 6-4 (n=10)	捕鱼算法	4.5157×10^{-4}	0.0011	7.6960×10^{-4}	2.1403×10^{-8}	381.90	441.1680
	改进算法	0	0	0	0	398.30	0.4094
例 6-3 (n=20)	捕鱼算法	—	—	—	—	—	—
	改进算法	6.5942×10^{-18}	6.5942×10^{-18}	6.5942×10^{-18}	0	799.00	0.4203
例 6-4 (n=20)	捕鱼算法	—	—	—	—	—	—
	改进算法	2.4652×10^{-32}	1.1093×10^{-31}	7.1799×10^{-32}	5.4485×10^{-64}	609.95	0.4563

注:"—"表示算法无法运行。

2)第二部分,改进算法与其他群智能算法求解结果对比。

从表 6-2 ~ 表 6-5 中的数据可以看出,对于求解不同维数的绝对值方程问题,从最小值、最大值、平均值和方差 4 个指标上看,与粒子群算法、改进粒子群算法、人群搜索算法及其改进算法相比,本章给出的改进算法的求解精度是最高的,而且算法的稳定性均比其他对比算法更优。此外,从运行时间上看,本章给出的改进算法的运行速度很快,仅需要约 0.4 s 即可求得问题的最优解。

表 6-2　不同算法求解例 6-1 的结果对比

算法	最小值	最大值	平均值	方差	平均迭代次数	运行时间/s
PSO[7]	9.7428×10^{-15}	0.0015	5.4639×10^{-4}	1.4521×10^{-7}	—	—
PSPSO[7]	6.2903×10^{-16}	1.8453×10^{-12}	4.2386×10^{-13}	4.5953×10^{-25}	—	—
EDIW-PSO[8]	3.5139×10^{-31}	3.5521×10^{-28}	4.2976×10^{-29}	1.2320×10^{-56}	—	—
SOA[8]	1.9300×10^{-2}	9.7448×10^{-2}	5.0623×10^{-2}	4.9212×10^{-4}	—	—
SM-SOA[8]	5.8053×10^{-16}	8.6595×10^{-16}	6.2620×10^{-16}	2.4404×10^{-32}	—	—
改进算法	0	0	0	0	283.05	0.3563

注:"—"表示原文未给出数据。

表 6-3　不同算法求解例 6-2 的结果对比

算法	最小值	最大值	平均值	方差	平均迭代次数	运行时间/s
PSO[7]	0.0010	0.0465	0.0122	2.2256×10^{-4}	—	—
PSPSO[7]	0	1.8629×10^{-11}	4.0770×10^{-12}	4.1813×10^{-23}	—	—

续表 6-3

算法	最小值	最大值	平均值	方差	平均迭代次数	运行时间/s
EDIW-PSO[8]	7.8886×10^{-30}	2.6485×10^{-25}	2.7835×10^{-26}	6.9496×10^{-51}	—	—
SOA[8]	0.2293	1.6292	0.6061	0.2004	—	—
SM-SOA[8]	4.7684×10^{-15}	8.0622×10^{-15}	1.6910×10^{-15}	5.5817×10^{-30}	—	—
改进算法	0	0	0	0	258.80	0.3555

注:“—”表示原文未给出数据。

表 6-4　不同算法求解例 6-3($n=20$) 的结果对比

算法	最小值	最大值	平均值	方差	平均迭代次数	运行时间/s
EDIW-PSO[8]	7.4470×10^{3}	7.4470×10^{3}	7.4470×10^{3}	3.6764×10^{-24}	—	—
SOA[8]	3.3372×10^{3}	4.1001×10^{3}	4.0247×10^{3}	5.8337×10^{4}	—	—
SM-SOA[8]	8.9370×10^{-9}	8.9370×10^{-9}	8.9370×10^{-9}	3.0410×10^{-48}	—	—
改进算法	6.5942×10^{-18}	6.5942×10^{-18}	6.5942×10^{-18}	0	799.00	0.4203

注:“—”表示原文未给出数据。

表 6-5　不同算法求解例 6-4($n=20$) 的结果对比

算法	最小值	最大值	平均值	方差	平均迭代次数	运行时间/s
EDIW-PSO[8]	0.0295	0.2290	0.1344	0.044	—	—
SOA[8]	0.3655	0.8543	0.6620	0.0267	—	—
SM-SOA[8]	9.9896×10^{-17}	2.1353×10^{-13}	4.1792×10^{-14}	3.0215×10^{-27}	—	—
改进算法	2.4652×10^{-32}	1.1093×10^{-31}	7.1799×10^{-32}	5.4485×10^{-64}	609.95	0.4563

注:“—”表示原文未给出数据。

6.4　本章小结

本章在分析捕鱼算法不足的基础上,通过对渔夫撒网方法的改进,进而提出了一种求解绝对值方程的改进捕鱼算法。改进捕鱼算法在求解绝对值方程问题时,不仅能获得更快的收敛速度,而且在计算机内存消耗和运行耗时上均比原算法更优。此外,与粒子群算法和人群搜索算法相比,改进算法拥有更优的稳定性和求解精度。

参考文献

[1]ROHN J. Systems of linear interval equtions[J]. Linear Algebra and its Applications, 1989,126:39-78.

[2]韩继业,修乃华,戚厚铎. 非线性互补理论与算法[M]. 上海:上海科学技术出版社,2006.

[3]雍龙泉. 神经网络方法求解绝对值方程及线性互补[J]. 陕西理工大学学报(自然科学版),2020,36(5):72-81.

[4]ROHN J. A theorem of the alternatives for the equation Ax+B|x|=b[J]. Linear and Multilinear Algebra,2004,52(6):421-426.

[5]MANGASARIAN O L,MEYER R R. Absolute value equations[J]. Linear Algebra and its Applications,2006,419:359-367.

[6]张晓敏. 神经网络算法求解绝对值方程的解及其稀疏解[D]. 郑州:郑州大学,2017.

[7]封京梅,刘三阳. 基于模式搜索的粒子群算法求解绝对值方程[J]. 兰州大学学报(自然科学版),2017,53(5): 701-705.

[8]封京梅,刘三阳. 基于单纯形法进行局部优化的人群搜索算法求解绝对值方程[J]. 吉林大学学报(理学版),2019,57(5):1075-1080.

[9]雍龙泉. 一种五阶牛顿迭代法求解绝对值方程[J]. 数学的实践与认识,2021,51(7):261-267.

[10]DONG X,SHAO X H,SHEN H L. A new SOR-like method for solving absolute value equations[J],2020,156:410-421.

[11]彭喜元,彭宇,戴毓丰. 群智能理论及应用[J]. 电子学报,2003,S1:1982-1988.

[12]张瑞成,张冲. 基于混沌萤火虫优化的多目标负荷分配研究[J]. 现代计算机,2021,20:33-37,43.

[13]颜志鹏. 基于多任务协同的粒子群聚类优化算法[J]. 现代计算机,2021,19:33-40.

[14]陈建荣,王勇.采用捕鱼策略的优化方法[J].计算机工程与应用,2009,45(9):53-56.

[15]陈建荣,陈建华,王勇.一种改进的模拟捕鱼寻优算法[J].计算机工程与应用,2011,47(34):47-50.

[16]陈建荣,陈建华.求解约束优化问题的自适应精英捕鱼算法[J].信息技术,2019,43(4):91-95.

第7章　改进捕鱼算法在约束优化问题求解中的应用

群智能优化算法作为一类新型的优化算法,近年来得到了广泛的研究,许多全新的算法被提出[1-4]。与传统算法相比,该类算法具有显著的随机性和并行性特征,且对求解问题的数学性态不敏感。在优化求解传统方法难以解决的问题时,这类算法仍具有良好的求解速度和精度[5-8]。约束优化问题(constrained optimization problems,COPs)作为一类在科学研究、工程设计与应用等领域中经常出现的数学规划问题,因其突出的基础性和重要性而一直受到研究者的持续研究与关注[9-10]。

捕鱼算法是2009年由文献[11]提出的一种群智能算法,具有鲁棒性强、求解精度高、收敛速度快、不易陷入局部极值、编程实现简单等特点,因而得到了较为广泛的研究和应用[12-20]。

7.1　约束优化问题

约束优化问题可描述为

$$\begin{aligned}
&\min f(\boldsymbol{X})\\
&\text{s.t.}\ g_i(\boldsymbol{X}) \leqslant 0,\ i=1,2,\cdots,m\\
&\qquad h_j(\boldsymbol{X})=0,\ j=1,2,\cdots,p\\
&\qquad l_k \leqslant x_k \leqslant u_k,\ k=1,2,\cdots,n
\end{aligned}$$

式中,$f(\boldsymbol{X})$ 为目标函数;$g_i(\boldsymbol{X})$ 和 $h_j(\boldsymbol{X})$ 分别为 m 个和 p 个不等式约束和等式约束;$\boldsymbol{X}=$

$(x_1,x_2,\cdots,x_n) \in \Omega \subseteq S$ 为 n 维决策向量；Ω 为可行域；S 为决策空间；l_k 和 u_k 分别为 x_k 的上下界。

7.2　改进捕鱼算法

虽然捕鱼算法具有较好的优化性能，但将其应用于求解约束优化问题时，仍存在易陷入局部极值、收敛精度不高等情况。针对算法的不足，本章在对捕鱼算法进行仔细研究和深入分析的基础上提出了自适应精英捕鱼算法(adaptive elite fishing algorithm, AEFA)。首先，对算法中渔夫的撒网半径进行动态设置，即采用自适应撒网半径。将撒网半径和搜索范围动态地联系到一起，使得半径设置更趋合理。其次，通过在搜索过程中保留精英(最优)个体的策略来消除算法潜在的不稳定因素。

7.2.1　自适应撒网半径

原捕鱼算法中，渔夫撒网半径作为输入参数之一，须由人为设置。在对不同搜索范围的问题进行优化时，要根据搜索范围的大小来设置合适的撒网半径，因此给参数设置带来一定的难度。注意到，撒网半径实际上与渔夫移动搜索的步长有关，步长太大或太小都会对搜索性能产生影响。针对这一问题，本章提出一种自适应的撒网半径设置策略来提高算法的搜索性能。

对于多维优化问题来说，不同维度上的搜索范围一般是不一样的。为使渔夫的撒网半径能根据问题中各维度的搜索范围自动设置，引入参数撒网半径系数 β，用来自适应地设置渔夫在不同维度上的撒网半径大小。并在此基础上，使用随机函数来增加撒网半径的多样性。具体描述如下。

设 n 维优化问题在第 i 维上的搜索范围(以闭区间为例)是 $[a_i,b_i] \subset \mathbb{R}$，$i=1,2,\cdots,n$。那么，渔夫 j 的撒网半径为

$$L_j = (l_1,l_2,\cdots,l_n) \times \beta \times r \tag{7-1}$$

式中，$l_i = b_i - a_i$，$i=1,2,\cdots,n$；r 是 $(0,1]$ 区间内随机分布的实数；$j=1,2,\cdots,k$，k 为

渔夫的规模(数量)。

在算法初始化以及迭代过程中,当需要对渔夫的撒网半径进行初始化操作时,均使用式(7-1)计算渔夫的撒网半径。

7.2.2 精英个体保留策略

在原捕鱼算法中,不管渔夫在什么位置搜索,当渔夫连续执行收缩操作次数达到给定阈值时便对其重新初始化。假设渔夫当前刚好位于全局最优点附近,若盲目对其进行重新初始化,那么他将因此而错过找到全局最优的机会。在程序迭代过程中,这种情况通常表现为,算法中每一代的群体最优值并不是稳定地趋于更优,而是呈现波动性。针对算法在寻优过程中存在的不稳定因素,本章提出保留精英个体的策略来提高算法的收敛精度和保持稳定性。

具体为,在迭代过程中,为防止盲目地对渔夫进行重新初始化,对位于当前群体最优位置的渔夫(精英个体),在其连续执行收缩操作次数达到给定阈值时,保持其搜索位置不变,仅对其撒网半径进行初始化操作,该策略称为精英个体保留策略。

7.2.3 算法简单流程

算法设置有公告板,用于记录渔夫群体找到的最优解和最优值。

输入:渔夫总数 k 、撒网半径系数 β 、撒网次数 m 、收缩系数 α 、连续收缩操作次数最大阈值 C 、迭代次数最大阈值 N 。

过程:

步骤1:初始化渔夫群体。

步骤2:各渔夫根据自身状态选择并执行相应的搜索策略(精英个体仅执行移动搜索和收缩搜索)。

步骤3:若找到比公告板更优的值,则更新公告板。

步骤4:若算法迭代次数达到 N ,则停机并输出最优解和最优值;否则转步骤2。

输出:最优值和最优解。

主程序伪代码如下。

```
function [Ym,Xm,gen,time]=cubemain(M,L,alfa,s,beta,CN,UC,N)
D1=[0,99];
D2=[0,99];
D3=[10,200];
D4=[10,200];
P=zeros(2,1);
time=cputime;
CUBE=zeros(5*M,87);
for i=1:M
    CUBE(5*i-4:5*i-1,41)=randPosition(D1,D2,D3,D4,L);
    CUBE(5*i-4:5*i-1,82)=L;
    [CUBE(5*i-4:5*i,1:87),state]=createCube(D1,D2,D3,D4,CUBE,i);
    while 1
        if state==0
            CUBE(5*i-4:5*i-1,41)=randPosition(D1,D2,D3,D4,L);
            [CUBE(5*i-4:5*i,1:87),state]=createCube(D1,D2,D3,D4,
CUBE,i);
        else
            break
        end
    end
    CUBE(5*i,1:81)=food(CUBE,i);
    CUBE(5*i-4,83)=CUBE(5*i,41);
    CUBE(5*i-4,84)=max(CUBE(5*i,1:81));
    CUBE(5*i-3:5*i,84)=NaN;
    CUBE(5*i-2:5*i,83)=NaN;
    CUBE(5*i,82)=NaN;
```

```
end
Ym=CUBE(5,41);
Xm=CUBE(1:4,41)';
n=0;
h=0;
gen=1;
while 1
    for k=1:M
        j=0;
        while 1
            j=j+1;
            if j==k
                j=j+1;
            end
            if j>M
                break
            end
            if distance(CUBE,k,j) && CUBE(5*k-4,84)<=CUBE(5*j-4,84)
                CUBE(5*k-4:5*k-1,41)=randPosition(D1,D2,D3,D4,L);
                [CUBE(5*k-4:5*k,1:87),state]=createCube(D1,D2,D3,D4,CUBE,k);
                while 1
                    if state==0
                        CUBE(5*k-4:5*k-1,41)=randPosition(D1,D2,D3,D4,L);
                        [CUBE(5*k-4:5*k,1:87),state]=createCube(D1,D2,D3,D4,CUBE,k);
```

```
                else
                    break
                end
            CUBE(5 * k,1:81)= food(CUBE,k);
            CUBE(5 * k-4,83)= CUBE(5 * k,41);
            CUBE(5 * k-4,84)= max(CUBE(5 * k,1:81));
            j=0;
            continue
        else
            continue
        end
    end
    [tY,index] = max(CUBE(5 * k,1:81));
    CUBE(5 * k-4:5 * k,85)= CUBE(5 * k-4:5 * k,index);
    CUBE(5 * k-4:5 * k,86)= CUBE(5 * k-4:5 * k,82);
    if tY>CUBE(5 * k,41)
        if CUBE(5 * k,87)= =1
            CUBE(5 * k-4:5 * k-1,82)= CUBE(5 * k-4:5 * k-1,87);
            CUBE(5 * k,87)= 0;
        end
        t=0;
        while 1
            t=t+1;
            CUBE(5 * k-4:5 * k-1,82)= beta * CUBE(5 * k-4:5 * k-1,82);
              CUBE(5 * k-4:5 * k,1:87) = createCube(D1,D2,D3,D4,
CUBE,k);
            CUBE(5 * k,1:81)= food(CUBE,k);
```

```
                [tempY,index]=max(CUBE(5*k,1:81));
                if tempY>CUBE(5*k-4,84)
                    CUBE(5*k-4,84)=tempY;
                    CUBE(5*k-4:5*k,85)=CUBE(5*k-4:5*k,index);
                    CUBE(5*k-4:5*k,86)=CUBE(5*k-4:5*k,82);
                    continue
                end
                if t>=s
                    CUBE(5*k-4:5*k-1,82)=CUBE(5*k-4:5*k-1,86);
                    break
                end
            end
            CUBE(5*k-4:5*k-1,41)=CUBE(5*k-4:5*k-1,85);
            CUBE(5*k-4:5*k,1:87)=createCube(D1,D2,D3,D4,CUBE,k);
            CUBE(5*k,1:81)=food(CUBE,k);
            CUBE(5*k-4,84)=max(CUBE(5*k,1:81));
            continue
        elseif CUBE(5*k-3,83)>=CN
            CUBE(5*k-4:5*k-1,41)=randPosition(D1,D2,D3,D4,L);
            CUBE(5*k-4:5*k-1,82)=L;
            [CUBE(5*k-4:5*k,1:87),state]=createCube(D1,D2,D3,D4,
CUBE,k);
            while 1
                if state==0
                    CUBE(5*k-4:5*k-1,41)=randPosition(D1,D2,D3,D4,
L);
                    [CUBE(5*k-4:5*k,1:87),state]=createCube(D1,D2,
```

```
D3,D4,CUBE,k);
                else
                    break
                end
            end
            CUBE(5*k,1:81)=food(CUBE,k);
            CUBE(5*k-4,83)=CUBE(5*k,41);
            CUBE(5*k-3,83)=0;
            CUBE(5*k-4,84)=max(CUBE(5*k,1:81));
            continue
        else
            CUBE(5*k-4:5*k-1,82)=alfa*CUBE(5*k-4:5*k-1,82);
            CUBE(5*k-4:5*k,1:87)=createCube(D1,D2,D3,D4,CUBE,k);
            CUBE(5*k,1:81)=food(CUBE,k);
            CUBE(5*k-4,84)=max(CUBE(5*k,1:81));
            if CUBE(5*k,41)= =CUBE(5*k-4,83)
                CUBE(5*k-3,83)=CUBE(5*k-3,83)+1;
            else
                CUBE(5*k-4,83)=CUBE(5*k,41);
                CUBE(5*k-3,83)=0;
            end
        end
    end
    n=n+1;
    [mtYm,id_m]=max(CUBE(:,84));
    w=0;
    tid_n=zeros(1,1);
```

```
for i=1:81
    if suitpoint(CUBE(id_m:id_m+3,i))
        w=w+1;
        tid_n(1,w)=i;
    end
end
if tid_n(1,1) ~ =0
    id_n=tid_n(1,1);
    for j=1:size(tid_n,2)-1
        if tid_n(1,j+1)>id_n
            id_n=tid_n(1,j+1);
        end
    end
    state=1;
    mYm=CUBE(id_m:id_m+4,id_n)';
else
    state=0;
end
if state= =1 && mYm(1,5)>Ym
    Ym=mYm(1,5);
    Xm=mYm(1,1:4);
    gen=n;
    h=0;
else
    h=h+1;
end
if state= =1
```

```
            P(1,n)=mYm(1,5);
        elseif n==1
            P(1,n)=Ym;
        else
            P(1,n)=P(1,n-1);
        end
        P(2,n)=n;
    if n>=N || h>=UC
        break
    end
end
time=cputime-time;
plot(P(2,:),P(1,:));
```

7.3　仿真实验和分析

7.3.1　实验环境和仿真实例

实验采用 Intel® Core(TM) i7-4790K CPU @ 4.00 GHz、16GB 内存、SanDisk SDSSDHII120G 硬盘的台式机，操作系统为 Windows 10 64 位专业版，仿真软件为 MATLAB 2017b。

仿真实验使用的 3 个工程应用实例分别为伸缩绳设计问题、焊接条设计问题以及压力管设计问题，其详细描述见参考文献[21-22]。

7.3.2　参数设置和仿真结果

在实验中，FSOA 算法和 AEFA 算法尽量使用统一的参数值。参数设置如下：渔夫总

数 $k = 40$,撒网次数 $m = 80$,收缩系数 $\alpha = 0.5$,收缩次数阈值 $C = 20$,迭代次数最大阈值 $N = 1000$。此外,在所有算例中,FSOA 算法的撒网半径设置为 $L = 0.5$,AEFA 算法的撒网半径系数设置为 $\alpha = 0.2$。

由于捕鱼算法本质上是一种非确定性随机搜索算法,因此本章采用对算法连续独立运行 50 次的策略来消除随机性对求解结果的影响。仿真结果及统计值比较见表 7-1 ~ 表 7-6。

表 7-1 伸缩绳设计问题最优结果比较

决策变量	AEFA	FSOA	文献[21]	文献[22]	文献[23]	文献[24]	文献[25]	文献[26]
$x_1(d)$	0.051689	0.051678	0.051480	0.051989	0.050000	0.051728	0.051681	0.051690
$x_2(D)$	0.356717	0.356449	0.351661	0.363965	0.317395	0.357644	0.356516	0.356730
$x_3(P)$	11.289034	11.304767	11.632201	10.890522	14.031795	11.244543	11.300783	11.28850
$g_1(x)$	0	0	-0.002080	-0.000013	0	-0.000845	0	0
$g_2(x)$	0	0	-0.000110	-0.000021	-0.000075	-0.000013	0	0
$g_3(x)$	-4.053783	-4.053252	-4.026318	-4.061338	-3.967960	-4.051300	-4.053388	-4.05380
$g_4(x)$	-0.727730	-0.727916	-4.026318	-0.722698	-0.755070	-0.727090	-0.727869	-0.72770
$f(x)$	0.012665	0.012665	0.012705	0.012681	0.012721	0.012675	0.012665	0.012665

表 7-2 伸缩绳设计问题统计值比较

算法	最优解	平均解	最差解	标准差
AEFA	0.012665	0.012665	0.012666	8.212304e-14
FSOA	0.012665	0.012665	0.012666	8.308459e-14
文献[21]	0.012705	0.012769	0.012822	3.939000e-5
文献[22]	0.012681	0.012742	0.012973	5.900000e-5
文献[23]	0.012721	0.013568	0.015116	8.415200e-4
文献[24]	0.012675	0.012730	0.012924	5.198500e-5
文献[25]	0.012665	0.012726	0.013081	8.461096e-5
文献[26]	0.012665	0.013501	0.016896	1.420272e-3

表 7-3 焊接条设计问题最优结果比较

决策变量	AEFA	FSOA	文献[21]	文献[22]	文献[23]	文献[24]	文献[25]	文献[26]
$x_1(h)$	0.205729	0.206140	0.2088	0.2060	0.205700	0.202369	0.205730	0.201500
$x_2(l)$	3.470492	3.463112	3.4205	3.4713	3.470500	3.544214	3.470489	3.562000
$x_3(t)$	9.036624	9.032867	8.9975	9.0202	9.036600	9.048210	9.036624	9.041400
$x_4(b)$	0.205730	0.206140	0.2100	0.2065	0.205700	0.205723	0.205730	0.205700
$g_1(x)$	-0.000067	-0.001295	-0.337812	-0.074092	-0.000472	-12.839796	-7.27598e-12	—
$g_2(x)$	-0.000224	-34.867317	-353.902604	-0.266227	-0.001561	-1.247467	0	—
$g_3(x)$	0	0	-0.0012	-0.000495	0	-0.001498	-2.775558e-17	—
$g_4(x)$	-3.432984	-3.431158	-3.411865	-3.430043	-3.432984	-3.429347	-3.432984	—
$g_5(x)$	-0.080729	-0.081140	-0.0838	-0.080986	-0.080730	-0.079381	0.087300	—
$g_6(x)$	-0.235540	-0.235551	-0.235649	-0.235514	-0.235540	-0.235536	-0.235400	—
$g_7(x)$	-0.000018	-34.362189	-363.232384	-58.66644	-0.000779	-11.681355	0	—
$f(x)$	1.724852	1.726963	1.748309	1.728226	1.724852	1.728024	1.724852	1.731207

注:"—"表示相应文献未给出计算结果。

表 7-4 焊接条设计问题统计值比较

算法	最优解	平均解	最差解	标准差
AEFA	1.724852	1.724872	1.724990	7.797174e-10
FSOA	1.726963	1.770750	1.853674	8.038277e-04
文献[21]	1.748309	1.771973	1.785835	0.011220
文献[22]	1.728226	1.792654	1.993408	0.074713
文献[23]	1.724852	1.971809	3.179709	0.443131
文献[24]	1.728024	1.748831	1.782143	0.012926
文献[25]	1.724852	1.724852	1.724852	0
文献[26]	1.731207	1.878656	2.345580	0.267799

表 7-5 压力管设计问题最优结果比较

决策变量	AEFA	FSOA	文献[21]	文献[22]	文献[24]	文献[25]	文献[26]
$x_1(T_s)$	12.450700	12.450777	0.8125	0.8125	0.8125	0.812500	0.8125
$x_2(T_h)$	6.154388	6.154426	0.4735	0.4375	0.4375	0.473500	0.4375
$x_3(R)$	40.319625	40.319872	40.3239	42.0974	42.0913	42.098445	42.0984456

续表 7-5

决策变量	AEFA	FSOA	文献[21]	文献[22]	文献[24]	文献[25]	文献[26]
$x_4(L)$	199.999900	199.996470	176.654100	176.654100	176.746500	176.636596	176.6365958
$g_1(x)$	0	0	-0.034300	-0.000020	-0.000100	0	—
$g_2(x)$	0	0	-0.052800	-0.035900	-0.035900	-0.035880	—
$g_3(x)$	0	-0.0032	-27.105800	-27.886100	-116.382700	0	—
$g_4(x)$	-40.0001	-40.0035	-40.000000	-63.346000	-63.253500	-63.363400	—
$f(x)$	5885.3330	5885.3412	6288.744500	6059.946300	6061.077700	6059.714300	6059.7143348

注:"—"表示相应文献未给出计算结果。

表 7-6 压力管设计问题统计值比较

算法	最优解	平均解	最差解	标准差
AEFA	5885.3330	5886.3430	5891.8311	1.9519
FSOA	5885.3412	5906.5782	5943.8259	263.9850
文献[21]	6288.7445	6293.8432	6308.1497	7.4133
文献[22]	6059.9463	6177.2533	6469.3220	130.9297
文献[24]	6061.0777	6147.1332	6363.8041	86.4545
文献[25]	6059.7143	6180.0470	6410.0868	163.3256
文献[26]	6059.7143	6179.1300	6318.9500	137.2230
文献[27]	6059.7340	6085.2303	6371.0455	43.0130
文献[28]	6693.7212	8756.6803	14076.3240	1492.5670

7.3.3 仿真实验结论

从表 7-1 和表 7-2 伸缩绳设计问题的实验结果容易看出,AEFA 算法和 FSOA 算法找到的最优解比文献[21-24]更好,与文献[25-26]一致。从平均解、最差解和标准差上看,AEFA 算法和 FSOA 算法均明显优于其他算法。由焊接条设计问题实验结果(表 7-3 和表 7-4)可知,AEFA 算法能找到与文献[25]相同的最优解,除平均解、最差解和标准差比文献[25]稍差,4 个指标都比其他算法更优。从压力管设计问题的实验结果(表 7-5 和表 7-6)可以看出,只有 AEFA 算法和 FSOA 算法能找到全局最优解,其他算法均陷入局部最优。AEFA 算法在 4 个指标上都比其他算法更优。

由表 7-1 ~ 表 7-6 可知,除了在伸缩绳设计问题中 AEFA 算法与 FSOA 算法性能相当外,AEFA 算法在焊接条设计问题和压力管设计问题中的性能均比 FSOA 算法好。证明本章的改进策略是有效和可行的。

为了能更加直观地看出 AEFA 算法和 FSOA 算法在求解问题时的收敛情况,我们给出两种算法的优化曲线对比图(图 7-1 ~ 图 7-3)。可以看出,优化曲线对比图展示的结果与仿真结果统计表(表 7-1 ~ 表 7-6)的结果一致。从求解精度上看,AEFA 算法和 FSOA 算法在伸缩绳设计问题中具有基本相同的精度;而在焊接条和压力管设计问题中,AEFA 算法的求解精度要高于 FSOA 算法。从收敛速度上看,AEFA 算法均比 FSOA 算法更快。

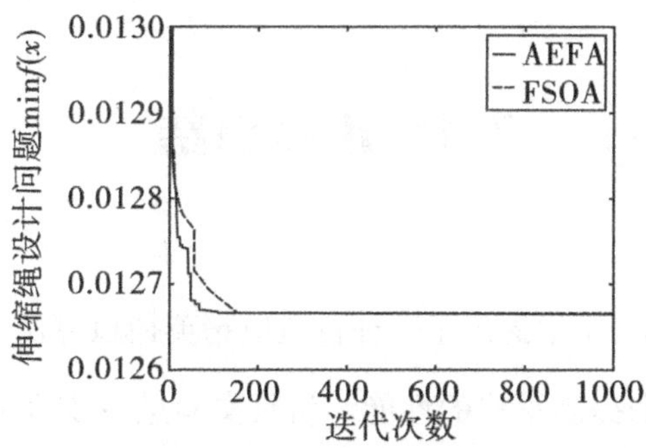

图 7-1　伸缩绳设计问题的优化曲线对比图

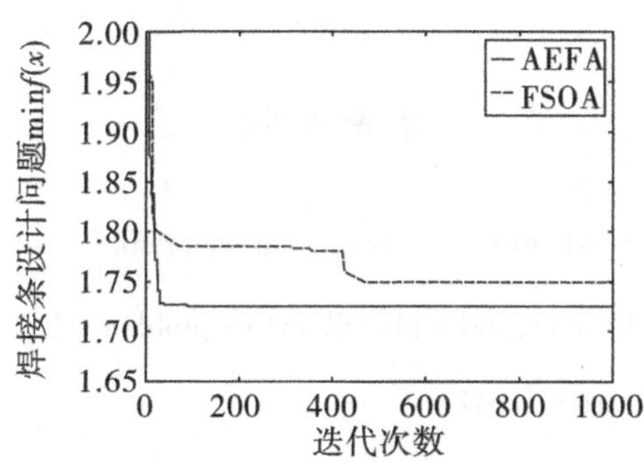

图 7-2　焊接条设计问题的优化曲线对比图

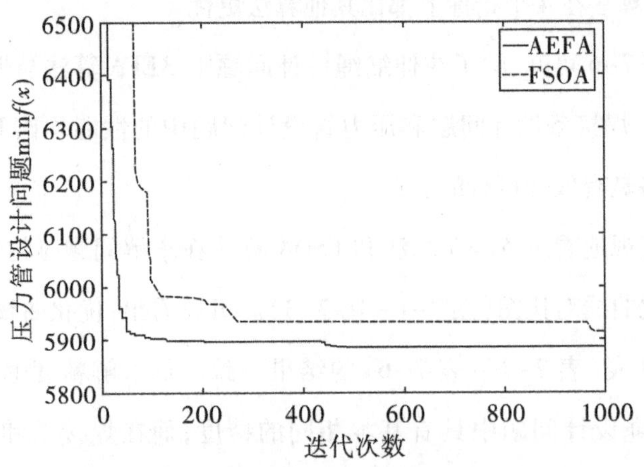

图 7-3 压力管设计问题的优化曲线对比图

7.4 本章小结

针对捕鱼算法的不足,本章提出了一种自适应精英捕鱼算法。该算法通过采用自适应半径和精英保留策略来提高算法的性能。仿真实验进一步证明了改进算法拥有比原算法更好的收敛速度、求解精度和稳定性。因此,使用 AEFA 算法来求解约束优化问题是有效和可行的。

参考文献

[1] MIRJALILI S. Dragonfly Algorithm:A new meta-heuristic optimization technique for solving single-objective,discrete,and multi-objective problems[J]. Neural Computing & Applications,2016,27(4):1053-1073.

[2] BAYKASOGLU A, AKPINAR S. Weighted superposition attraction (WSA): a swarm intelligence algorithm for optimization problems-part 1: unconstrained optimization[J], Applied Soft Computing,,2017,56:520-540.

[3] SAREMI S, MIRJALILI S, LEWIS A. Grasshopper Optimisation Algorithm: Theory and

application[J],Advances in Engineering Software,2017,105:30-47.

[4] JAIN M, SINGH V, RANI A. A novel nature-inspired algorithm for optimization: squirrel search algorithm[J]. Swarm and Evolutionary Computation,2018,44:1-28.

[5] BOUSSAÏD I, LEPAGNOT J, SIARRY P. A survey on optimization metaheuristics[J]. Information Sciences,2013,237:82-117.

[6] NOSHADI A, SHI J, LEE W S, et al. Optimal PID-type fuzzy logic controller for a multi-input multi-output active magnetic bearing system[J], Neural Computing and Applications,2016,27(7):2031-2046.

[7] NGUYEN P, KIM J M. Adaptive ECG denoising using genetic algorithm-based thresholding and ensemble empirical mode decomposition[J], Information Sciences, 2016, 373: 499-511.

[8] ARNAY R, FUMERO F, SIGUT J. Ant Colony Optimization-based method for optic cup segmentation in retinal images[J]. Applied Soft Computing,2017,52:409-417.

[9]王勇,蔡自兴,周育人,等.约束优化进化算法[J].软件学报,2009,20(1):11-29.

[10]李智勇,黄滔,陈少淼,等.约束优化进化算法综述[J].软件学报,2017,28(6):1529-1546.

[11]陈建荣,王勇.采用捕鱼策略的优化方法[J].计算机工程与应用,2009,45(9):53-56.

[12] WANG Y, HE D N, GUAN Y J, et al. An improving FSOA optimization by using orthogonal transform[C]// Proceedings of the International Conference on Electronic Commerce, Web Application, and Communication. 2011:63-69.

[13]陈建荣,陈建华,王勇.一种改进的模拟捕鱼寻优算法[J].计算机工程与应用,2011,47(34):47-50.

[14]李娟,刘海龙.动态连续潮流与改进捕鱼算法结合计算静态电压稳定裕度[J].华北电力大学学报(自然科学版),2013,40(3):11-16.

[15]王泽黎.基于小生境渔夫捕鱼算法的变电站规划[J].电力系统保护与控制,2014,42(16):84-88.

[16]项响琴,张沪寅.渔夫捕鱼优化算法的认知无线电频谱分配[J].计算机工程与应用,2014,50(6):72-76.

[17]姬建新.捕鱼算法优化核极限学习机的微博热点话题预测[J].激光杂志,2015,36(1):128-131.

[18]徐敏,戴薇.基于渔夫捕鱼优化算法的配电网络重构[J].电测与仪表,2015,52(13):43-47.

[19]梁晓龙,李祚泳,汪嘉杨.蜜蜂进化遗传与捕鱼策略相结合的优化算法[J].数学的实践与认识,2016,46(17):143-148.

[20]陈建荣,陈建华.求解 TSP 问题的离散捕鱼策略优化算法[J].计算机科学,2017,44(6A):139-140,160.

[21]COELLO C A C. Use of A self-adaptive penalty approach for engineering optimization problems[J]. Computers in Industry,2000,41:113-127.

[22]COELLO C A C,MONTES E M. Constraint-handling in genetic algorithms through the use of dominance-based tournament selection[J]. Advanced Engineering Informatics,2002,16:193-203.

[23]COELLO C A C,BECERRA R L. Efficient evolutionary optimization through the use of a cultural algorithm[J]. Engineering Optimization,2004,36:219-236.

[24]HE Q,WANG L. An effective co-evolutionary particle swarm optimization for constrained engineering design problems[J]. Engineering Applications of Artificial Intelligence,2007,20:89-99.

[25]庞兴,王勇.PSO 与捕鱼策略相结合的优化方法[J].计算机工程与应用,2011,47(8):36-40,50.

[26]GANDOMI A H,YANG X S,ALAVI H A,et al. Bat algorithm for constrained optimization tasks[J]. Neural Computing and Applications,2013,22:1239-1255.

[27]HUANG F,WANG L,HE Q. An effective co-evolutionary differential evolution for constrained optimization[J]. Applied Mathematics and Computation,2007,186(1):340-356.

[28] LIU H, CAI Z, WANG Y. Hybridizing particle swarm optimization with differential evolution for constrained numerical and engineering optimization [J]. Applied Soft Computing, 2010, 10(2):629-640.

第 8 章　二进制捕鱼算法及其改进在 0-1 背包问题中的应用

背包问题(knapsack problem,KP)[1-3]是经典的 NP 难问题,其目标是寻找在给定背包容量的限制条件下价值量最大的物品选择方案。当涉及资源或任务分配等工作时,可使用背包问题的相关理论去处理和解决,如投资决策等。背包问题有多个变体,最基本的是 0-1 背包问题,其他类型问题能转换成该问题而顺利求解[3]。

求解 0-1 背包问题的方法包括精确算法和启发式算法两类[2-3]。其中,精确算法包括贪心算法、动态规划法、分支定界法、穷举法、回溯法等。这些算法普遍存在计算效率低、计算量随问题维数的增加而呈指数级增长等缺点,因而难以有效处理高维背包问题。启发式算法本质上属于近似搜索算法,能在合理时间内找到问题的最优解或者满意解。常见的有遗传算法[2]、模拟退火算法[4]、粒子群算法[5]、蚁群算法[6]、布谷鸟算法[7]、蝙蝠算法[8]等。但这些算法在求解 0-1 背包问题时,仍存在全局搜索能力不强、收敛速度慢等不足。

作者等[9]通过观察渔夫在江面上捕鱼的行为习惯而提出了捕鱼算法。目前,该算法及其改进或结合算法已被应用于解决各类优化问题,并获得良好的效果[10-13]。

捕鱼算法是针对连续问题提出的,无法直接应用于求解 0-1 背包问题,所以本章首先对渔夫编码及搜索方法进行重新定义和描述,称之为二进制捕鱼算法(binary fishing algorithm,BFA)。其次,在对其分析的基础上,提出改进二进制捕鱼算法(improved binary fishing algorithm,IBFA)。最后,使用不同维度的背包问题对算法进行性能测试。

8.1　问题描述及二进制捕鱼算法

8.1.1　问题描述

0-1 背包问题可描述为:给定一个最大容量为 C 的背包和 n 个物品,第 k 个物品的价值和体积分别为 p_k 和 w_k。在不超过背包最大容量的条件下,将物品尽可能地装进背包,使得背包中物品的总价值达到最大。

若假定 x_i 的取值 0 和 1 分别表示第 k 个物品没有装入背包和装入背包两种状态,则该问题用数学模型可表示为

$$\max f(x) = \sum_{k=1}^{n} p_k x_k$$

$$\text{s.t.} \quad \sum_{k=1}^{n} w_k x_k < C$$

其中,$x_k \in \{0,1\}$。

引入罚函数法,可将上述问题转化为

$$\max f(x) = \sum_{k=1}^{n} p_k x_k - \vartheta M \tag{8-1}$$

式中,ϑ 为罚因子;$M = \max(0, \sum_{k=1}^{n} w_k x_k - C)$;$\max(\cdot,\cdot)$ 函数返回两个输入值中的较大者。本章中罚因子统一取 10^3。

8.1.2　渔夫编码及相关定义

对于 n 维的 0-1 背包问题,第 i 个渔夫的位置向量表示为 $\boldsymbol{X}_i = (x_{i1}, x_{i2}, \cdots, x_{ik}, x_{ik+1}, \cdots, x_{in})$。其中,$x_{ik}$ 是 $\boldsymbol{X}_i$ 的第 k 个分量,取值为 0 或 1。该渔夫对应位置的目标函数值可通过式(8-1)求得。

定义 8-1　设两个位置向量分别为 $\boldsymbol{X}_{i_1}$ 和 $\boldsymbol{X}_{i_2}$,则它们之间的距离定义为 $D = \text{sum}(|\boldsymbol{X}_{i_1} - \boldsymbol{X}_{i_2}|)$。其中,$|\cdot|$ 表示对向量中的每一个分量取绝对值,$\text{sum}(\cdot)$ 表示将

向量的所有分量相加。

例 8-1　给定位置 $\boldsymbol{X}_1=(1,0,1,0)$ 和 $\boldsymbol{X}_2=(0,1,1,0)$，那么两个位置之间的距离 $D=|1-0|+|0-1|+|1-1|+|0-0|=2$。

定义 8-2　设渔夫的位置向量和撒网半径分别为 $\boldsymbol{X}_i$ 和 L，其中 $L\leqslant n$。从 $\boldsymbol{X}_i$ 的 n 个分量中随机选取 L 个，并对这 L 个分量都用其二进制反码替换，得到撒网点的位置向量为 $\boldsymbol{X}_i'$，则称渔夫 $\boldsymbol{X}_i$ 以半径 L 随机撒网一次。

例 8-2　给定渔夫位置 $\boldsymbol{X}_1=(1,0,1,1,0)$ 和撒网半径 $L=2$。若随机选取的 L 个位置为 2 和 3，那么对应的撒网点为 $\boldsymbol{X}_1'=(1,1,0,1,0)$。若位置为 1 和 4，则 $\boldsymbol{X}_1'=(0,0,1,0,0)$。

由定义可知，当渔夫撒网时，其所在位置和撒网点之间的距离刚好等于撒网半径。

8.1.3　搜索方法

设渔夫 i 的当前位置为 $\boldsymbol{X}_i^0=(x_{i1}^0,x_{i2}^0,\cdots,x_{ik}^0,x_{ik+1}^0,\cdots,x_{in}^0)$，则其以半径 L_i 撒网 m 次所得的撒网点集为

$$\boldsymbol{\Psi}_i=\{\boldsymbol{X}_i^l=(x_{i1}^l,x_{i2}^l,\cdots,x_{ik}^l,x_{ik+1}^l,\cdots,x_{in}^l)\mid l=1,2,\cdots,m\} \tag{8-2}$$

式中，每个 $\boldsymbol{X}_i^l$ 均由渔夫 $\boldsymbol{X}_i^0$ 以半径 L_i 随机撒网一次得到；$x_{ik}^0,x_{ik}^l\in\{0,1\}$；撒网半径 L_i 和撒网次数 m 均为给定的正整数。

下面给出三类搜索方法的具体描述。

(1)移动搜索

若 $f(\boldsymbol{X}^*)=\max\limits_{\boldsymbol{X}_i^l\in\boldsymbol{\Psi}_i}f(\boldsymbol{X}_i^l)>f(\boldsymbol{X}_i^0)$，则渔夫 i 从 $\boldsymbol{X}_i^0$ 移动到 $\boldsymbol{X}^*$，并按式(8-2)重新构造撒网点集。

(2)收缩搜索

若 $\max\limits_{\boldsymbol{X}_i^l\in\boldsymbol{\Psi}_i}f(\boldsymbol{X}_i^l)\leqslant f(\boldsymbol{X}_i^0)$，则渔夫 i 在当前位置 $\boldsymbol{X}_i^0$ 按式(8-2)以半径 $L_i'=\lfloor\beta L_i\rfloor$ 撒网 m 次构造新的撒网点集。($\lfloor\cdot\rfloor$表示向下取整，且规定其返回的最小值为 1；$\beta\in(0,1]$)

(3)加速搜索

若渔夫 i 不满足前两类搜索的执行条件，且连续执行收缩搜索的次数达到算法给定

的阈值,则对该渔夫进行随机初始化,并按式(8-2)构造撒网点集。

8.1.4 算法流程

算法设置有公告板,输入参数为:渔夫总数量 N、撒网半径 L、撒网次数 ξ、收缩系数 β、连续收缩操作次数最大阈值 η 和迭代次数最大阈值 T。

算法流程:

步骤1:对渔夫进行随机初始化。

步骤2:算法迭代次数达到 T(或找到已知最优解)则停机,并输出最优值和最优解。

步骤3:各渔夫根据当前情况,选择执行相应的搜索方法(移动搜索、收缩搜索和加速搜索)。

步骤4:找到更优值则更新公告板;转步骤2。

8.2 改进二进制捕鱼算法

8.2.1 分析与说明

首先,在BFA算法中,使用随机函数生成并给渔夫个体位置赋初值,由于受到随机性的影响可能会使算法收敛速度较慢。其次,渔夫的撒网半径对算法收敛速度影响较大,而所求解问题的维数不尽相同,若撒网半径设置为固定值,则会出现对于不同问题需要频繁设置不同半径值的情况。最后,为提高渔夫之间的信息共享能力,避免陷入局部最优,增加了一种称为靠近搜索的搜索方法。

8.2.2 贪心轮盘赌方法

引入贪心算法[14]和轮盘赌[15]的思想对算法进行改进。先求出给定物品的价值密度,第 k 个物品的价值密度为 $\zeta_k = p_k/w_k$。然后,为能方便地调整物品对应的选中概率的大小,即轮盘赌中该物品对应的选中区间宽度,这里对价值密度求幂,即 ζ_k^θ 。其中,实数 θ 的值依据实际情况设置。最后,根据 ζ_k^θ 的值采用轮盘赌的方式选择装入背包的物品,直至背包装不进下一个物品为止。

8.2.3 自适应半径

通过下式给出初始半径值:

$$R = \varepsilon n \tag{8-3}$$

式中, $\varepsilon \in (0,1]$ 为给定的自适应半径系数; n 为所求问题的维数,即0-1 背包问题中物品的总数。

8.2.4 随机比例

为避免因出现早熟而陷入局部最优,算法设置了随机比例参数 Υ ,以控制采用随机函数进行初始化渔夫位置的比例,其取值范围是 $[0,1]$ 。当 $\Upsilon = 0$ 时,全部采用随机函数进行初始化;当 $\Upsilon = 1$ 时,则全部使用贪心轮盘赌的方法对渔夫位置进行初始化。

8.2.5 靠近搜索

定义 8-3 设渔夫位置和目标位置分别为 $\boldsymbol{X}_i$ 和 $\boldsymbol{X}^G$,且 $\boldsymbol{X}_i$ 与 $\boldsymbol{X}^G$ 之间的距离 $D > R$ 。从 $|\boldsymbol{X}_i - \boldsymbol{X}^G|$ 中随机选出 R 个非零分量,并将 $\boldsymbol{X}_i$ 中位于该非零分量位置的 R 个分量值用其二进制反码替换,则称渔夫 $\boldsymbol{X}_i$ 以步长 R 向位置 $\boldsymbol{X}^G$ 随机靠近一次。

例 8-3 设 $R = 2$、$\boldsymbol{X}_i = (1,0,1,0,1)$ 和 $\boldsymbol{X}^G = (0,0,0,1,1)$ 。由 $|\boldsymbol{X}_i - \boldsymbol{X}^G| = (1,0,1,1,0)$ 可得非零分量的位置为1、3和4。若随机选出的位置为3和4,则渔夫的新位置为 $\boldsymbol{X}_i' = (1,0,0,1,1)$,称渔夫 $\boldsymbol{X}_i$ 以步长2向位置 $\boldsymbol{X}^G$ 随机靠近一次。

靠近搜索可描述为:若渔夫 i 连续执行收缩搜索的次数达到算法给定的阈值 η ,且其当前所处的位置并非群体最优,则该渔夫以步长 $\lceil R \times \mathrm{rand} \rceil$ 向群体最优位置靠近($\lceil \cdot \rceil$ 表示向上取整);渔夫每向群体最优位置随机靠近一次,都重新按式(8-2)构造撒网点集。

8.2.6　算法流程

与 BFA 算法相比，IBFA 算法取消了撒网半径 L，新增自适应半径系数 ε 和随机比例参数 Y，其他参数保持不变。IBFA 算法使用自适应半径和随机比例对渔夫进行初始化，并在搜索方法中增加了靠近搜索，其余操作和流程均与原算法相同。

主程序伪代码如下。

```
function [Gbest,mP,mW,gen,time,plt] = main(K,L,alfa,C,N,M,Pcru)
W = [95,4,60,32,23,72,80,62,65,46];
P = [55,10,47,5,4,50,8,61,85,87];
Cap = 269;
dim = size(W,2);
L = round(dim * L);
PW = (P./W).^70;
DS = struct('pX',{},...
     'pY',{},...
     'pL',{},...
     'palfa',{},...
     'pC',{});
m = M+1;
tmax0 = -inf;
for i = 1:K
     DS(i).pX = zeros(dim,m);
     if rand<Pcru
          DS(i).pX(:,1) = initial(PW,dim,W,Cap);
     else
          DS(i).pX(:,1) = randi([0,1],dim,1);
     end
```

```
    DS(i).pX(:,2:end)=create(DS(i).pX(:,1),dim,L,M);
    DS(i).pY=food(W,P,Cap,DS(i).pX,m);
    DS(i).pL=L;
    DS(i).palfa=alfa;
    DS(i).pC=0;
    [tmax,ind1]=max(DS(i).pY);
    if tmax>tmax0
        tmax0=tmax;
        Gbest=[DS(i).pX(:,ind1)',tmax];
        mP=P*DS(i).pX(:,ind1);
        mW=W*DS(i).pX(:,ind1);
    end
end
plt=ones(2,1);
gen=0;
time=cputime;
n=0;
while n<N
    n=n+1;
    for k=1:K
        [tY,ind]=max(DS(k).pY(1,2:end));
        if DS(k).pY(1,1)<tY
            DS(k).pC=0;
            DS(k).pX(:,1)=DS(k).pX(:,ind);
            DS(k).pX(:,2:end)=create(DS(k).pX(:,1),dim,DS(k).pL,M);
            DS(k).pY=food(W,P,Cap,DS(k).pX,m);
        elseif DS(k).pC<C
```

```
        if DS(k).pL>1
            DS(k).pL=floor(DS(k).pL*DS(k).palfa);
        elseif DS(k).pL<1
            keyboard
        end
        DS(k).pX(:,2:end)=create(DS(k).pX(:,1),dim,DS(k).pL,M);
        DS(k).pY=food(W,P,Cap,DS(k).pX,m);
        if DS(k).pY(1,1)>max(DS(k).pY(1,2:end))
            DS(k).pC=DS(k).pC+1;
        else
            DS(k).pC=0;
        end
    elseif DS(k).pC==C && sum(abs(DS(k).pX(:,1)'-Gbest(1,1:end-
1)))>1
        DS(k).pX(:,1)=moveto(DS(k).pX(:,1)',Gbest(1,1:end-1),L);
        DS(k).pX(:,2:end)=create(DS(k).pX(:,1),dim,L,M);
        DS(k).pY=food(W,P,Cap,DS(k).pX,m);
    else
        if rand<Pcru
            DS(k).pX(:,1)=initial(PW,dim,W,Cap);
        else
            DS(k).pX(:,1)=randi([0,1],dim,1);
        end
        DS(k).pX(:,2:end)=create(DS(k).pX(:,1),dim,L,M);
        DS(k).pY=food(W,P,Cap,DS(k).pX,m);
        DS(k).pL=L;
        DS(k).pC=0;
```

```
            end
            if Gbest(1,end)<DS(k).pY(1,1)
                Gbest(1,:)=[DS(k).pX(:,1)',DS(k).pY(1,1)];
                mP=P*DS(k).pX(:,1);
                mW=W*DS(k).pX(:,1);
                gen=n;
            end
        end
        plt(:,n)=[n;Gbest(1,end)];
    end
    time=cputime-time;
    plot(plt(1,:),plt(2,:));
```

8.3 实验与对比

8.3.1 软硬件环境与说明

实验电脑是华为 MateBook X Pro 超极本,配置为:Intel Core i7-1165G7 CPU @ 2.8GHz,16GB LPDDR4X 内存;64 位 Windows 11 家庭版操作系统,MATLAB 版本是 2020a。

实验分为常用算例测试和高维算例测试两部分。除另有说明外,各算法均使用固定的参数,并且连续运行一定次数,以降低随机性对结果的影响,同时也能在一定程度上反映不同算法在稳定性方面的差异。

8.3.2 常用算例测试与结果对比

常用算例测试中的九个经典算例[3]均来自参考文献,各算法运行参数见表 8-1。测试时,所有算法都连续运行 30 次,并记录包括最优值、最差值、平均值、标准差等指标在内的数据以便后续对比。七种不同算法的测试结果见表 8-2。其中,对比算法的运行结果均来自文献[3]。

表 8-1　各算法运行参数设置

算法名称	参数设置
二进制捕鱼算法(BFA)	渔夫总数 $N=20$、撒网半径 $L=10$、撒网次数 $\xi=15$、收缩系数 $\beta=0.8$、收缩搜索阈值 $\eta=15$、迭代次数 $T=1000$
改进二进制捕鱼算法(IBFA)	贪心轮盘赌系数 $\theta=16$、自适应半径 $\varepsilon=0.5$、随机比例 $Y=0.9$;其余参数值同 BFA
离散粒子群算法(DPSO)	粒子数 50、惯性因子 0.729、学习因子 1.5、迭代次数 500
自适应元胞粒子群算法(ACPSO)	惯性因子 0.8、学习因子 2、被选率 0.5(KP7 中为 0.009);其余参数值同 DPSO
二进制蝙蝠算法(BBA)	蝙蝠数 50、音量 0.25、脉冲发生率 0.5、音量衰减系数 0.9、脉冲发生率系数 0.9、迭代次数 500
混合蝙蝠算法(HBA)	追随率 0.5、反置率 0.2;其余参数值同算法 BBA
二进制狮群算法(BLSO)	狮子数 50、母狮比例 0.1、最小贪婪度 2、最大贪婪度 12、淘汰率 0.2、迭代次数 500

表 8-2　七种不同算法的测试结果对比

算例	维数	已知最优解	算法名称	最优值	最差值	平均值	标准差	最小迭代次数	最大迭代次数	平均迭代次数	运行时间/s
KP1	10	295	BFA	295	295	295.00	0	0	8	4.37	0.002
			IBFA	295	295	295.00	0	0	5	4.30	0.002
			DPSO	295	295	295.00	0	0	2	0.10	0.110
			ACPSO	295	295	295.00	—	1	6	1.80	0.190
			BBA	295	294	294.97	0.18	0	14	0.48	2.750
			HBA	295	295	295.00	—	1	1	1.00	0.630
			BLSO	295	295	295.00	0	0	2	0.10	0.130

续表 8-2

算例	维数	已知最优解	算法名称	最优值	最差值	平均值	标准差	最小迭代次数	最大迭代次数	平均迭代次数	运行时间/s
KP2	20	1024	BFA	1024	1024	1024.00	0	8	37	13.30	0.007
			IBFA	1024	1024	1024.00	0	0	24	8.50	0.005
			DPSO	1024	1024	1024.00	0	0	3	0.50	0.180
			ACPSO	1024	1018	1021.20	—	1	441	194.19	50.44
			BBA	1024	1024	1024.00	0	0	21	1.67	0.360
			HBA	1024	1024	1024.00	—	1	4	1.43	0.620
			BLSO	1024	1024	1024.00	0	0	2	0.40	0.220
KP3	20	1042	BFA	1042	1042	1042.00	0	8	69	23.50	0.015
			IBFA	1042	1042	1042.00	0	6	38	11.97	0.007
			DPSO	1042	1042	1042.00	0	0	29	6.10	1.020
			ACPSO	1042	1037	1039.30	—	49	474	235.00	56.450
			BBA	1042	1037	1040.00	2.45	0	32	8.44	31.730
			HBA	1042	1042	1042.00	—	1	142	27.23	3.290
			BLSO	1042	1042	1042.00	0	0	33	7.00	2.000
KP4	50	4882	BFA	4834	4704	4789.10	925.06	17	998	465.97	0.622
			IBFA	4882	4882	4882.00	0	10	39	12.50	0.009
			DPSO	4882	4882	4882.00	0	3	16	8.63	1.820
			ACPSO	4882	4834	4857.10	—	91	421	133.93	131.900
			BBA	4882	4882	4882.00	0	1	6	2.37	0.600
			HBA	4882	4882	4882.00	—	1	39	6.73	1.510
			BLSO	4882	4882	4882.00	0	1	6	2.70	2.230
KP5	100	15170	BFA	14911	14650	14772.33	4631.40	31	961	476.77	0.665
			IBFA	15170	15170	15170.00	0	0	0	0	0
			DPSO	15170	15170	15170.00	0	4	46	19.43	3.770
			ACPSO	15170	15170	15170.00	—	1	1	1.00	0.940
			BBA	15170	15170	15170.00	0	1	2	1.07	0.360
			HBA	15170	15170	15170.00	—	1	2	1.83	0.910
			BLSO	15170	15170	15170.00	0	1	4	2.07	2.070

续表 8-2

算例	维数	已知最优解	算法名称	最优值	最差值	平均值	标准差	最小迭代次数	最大迭代次数	平均迭代次数	运行时间/s
KP6	100	26559	BFA	25951	25385	25627.37	16530.03	39	970	529.13	0.668
			IBFA	26559	26559	26559.00	0	14	65	21.87	0.017
			DPSO	26559	26559	26559.00	0	13	129	48.27	9.580
			ACPSO	26559	26525	26527.00	—	45	45	45.00	367.520
			BBA	26559	26559	26559.00	0	1	98	17.37	3.670
			HBA	26559	26534	26551.00	—	2	103	10.43	35.470
			BLSO	26559	26559	26559.00	0	2	14	5.07	5.100
KP7	100	2660	BFA	2452	2271	2352.30	2002.56	31	973	532.97	0.718
			IBFA	2660	2660	2660.00	0	0	0	0	0
			DPSO	2660	2660	2660.00	0	5	28	14.47	3.900
			ACPSO	2660	2660	2660.00	—	20	417	190.38	203.250
			BBA	2660	2660	2660.00	0	1	4	1.77	0.650
			HBA	2660	2660	2660.00	—	1	5	2.47	1.270
			BLSO	2660	2660	2660.00	0	1	6	3.03	3.480
KP8	100	4143	BFA	3974	3856	3909.60	951.83	65	965	541.23	0.795
			IBFA	4143	4143	4143.00	0	0	82	20.60	0.015
			DPSO	4143	4143	4143.00	0	13	72	36.50	8.330
			ACPSO	4143	4143	4143.00	—	4	162	58.83	37.730
			BBA	4143	4141	4142.93	0.36	2	365	33.86	11.540
			HBA	4143	4143	4143.00	—	3	9	4.57	1.450
			BLSO	4143	4143	4143.00	0	2	7	4.43	5.920
KP9	100	4987	BFA	4920	4852	4889.43	348.94	35	970	535.10	0.708
			IBFA	4987	4987	4987.00	0	0	286	54.93	0.039
			DPSO	4987	4987	4987.00	0	16	78	36.33	6.670
			ACPSO	4986	4986	4986.00	—	1	1	1.00	0.800
			BBA	4987	4987	4987.00	0	1	60	9.03	1.940
			HBA	4987	4986	4986.50	—	2	33	4.73	31.170
			BLSO	4987	4987	4987.00	0	1	24	3.97	3.440

注:“—”表示相应文献未给出计算结果。

BFA 与 IBFA 算法测试结果对比：从表 8-2 中的数据可以看出，IBFA 算法能找到全部九个背包问题的最优解，且标准差均为零，说明算法适应性强、稳定性好；而 BFA 算法只能找到前三个问题的最优解，这说明对于维数相对较高的问题（KP4 ~ KP9）来说，IBFA 算法的性能有较明显的提高。

IBFA 算法与其他算法测试结果对比：从最差值指标可知，对比算法中的 ACPSO、BBA 和 HBA 算法，在最差的情况下，未能找到全部九个背包问题（KP1 ~ KP9）的最优解。对于 IBFA、DPSO 和 BLSO 这三个能找到九个问题最优解的算法来说，它们的测试结果数据各有优势。值得注意的是，从 100 维的五个问题（KP5 ~ KP9）的测试结果来看，除 KP6 外，IBFA 在最小迭代次数指标上是最优的；特别是对于 KP5 和 KP7 这两个问题，在连续的 30 次运行中，IBFA 算法在每一次初始化时都能找到问题的最优解，其对比指标均优于其他算法，这说明本章的改进方法在获得优秀初始值方面有较好的效果。注意到，IBFA 算法的种群数量只有 20，而其他对比算法均为 50，这表明该算法的全局搜索能力较强，即使在种群数量较少的情况下，也不容易陷入局部极值点。此外，IBFA 在求解背包问题时的运行耗时非常短，只需要不足 0.04 s 的时间就能找到问题的最优解。

8.3.3 高维算例测试与结果对比

为进一步验证算法性能，本节进行了高维算例的测试，这些算例使用下面的公式随机产生[7]：

$$w_i = \text{randint}[1,10]\ ,\ p_i = w_i + 5\ ,\ C = 0.5 \times \sum_{i=1}^{m} w_i \tag{8-4}$$

式中，w_i、p_i 和 C 分别表示算例中的物品体积、价值和背包容量；randint[1,10] 表示随机地从集合{1,2,…,10}中抽取一个整数。

根据式（8-4），随机产生维数为 100、200、400、600、800 和 1000 的六个高维 0-1 背包问题，每个算例产生后就保持不变。测试时，算法均连续运行 50 次，最大迭代次数均设置为 500。BBA 算法参数取表 8-1 中的对应值；BFA 和 IBFA 算法除 $\eta = 20$ 和 $\theta = 70$ 外，其余参数均与表 8-1 保持一致。测试结果见表 8-3。

表8-3 高维算例测试结果

算例	维数	算法名称	最优值	最差值	平均值	标准差	最小迭代次数	最大迭代次数	平均迭代次数	运行时间/s
KP01	100	BBA	572	556	564.82	14.84	43	492	311.50	0.258
		BFA	572	557	562.54	14.46	13	496	239.60	0.321
		IBFA	602	602	602.00	0	11	13	12.08	0.352
KP02	200	BBA	1126	1105	1114.86	27.55	18	494	291.26	0.468
		BFA	1132	1102	1113.30	40.62	13	493	221.48	0.363
		IBFA	1227	1227	1227.00	0	14	16	15.20	0.415
KP03	400	BBA	2255	2213	2236.64	100.64	73	490	311.44	0.942
		BFA	2256	2211	2226.40	100.86	12	492	264.14	0.436
		IBFA	2486	2486	2486.00	0	17	19	17.18	0.549
KP04	600	BBA	3345	3283	3308.56	188.74	13	495	319.48	1.437
		BFA	3322	3267	3289.70	152.26	16	471	192.16	0.477
		IBFA	3727	3727	3727.00	0	19	21	19.04	0.693
KP05	800	BBA	4362	4300	4328.08	238.52	13	491	279.28	1.871
		BFA	4343	4273	4306.10	210.09	20	478	228.94	0.521
		IBFA	4953	4953	4953.00	0	20	23	20.38	0.793
KP06	1000	BBA	5476	5393	5439.44	388.82	13	499	307.54	2.346
		BFA	5452	5382	5409.20	340.98	16	493	184.22	0.578
		IBFA	6162	6162	6162.00	0	21	23	21.26	0.965

从表8-3中的数据可以看到，对于这六个高维背包问题而言，IBFA算法能找到的解是最优的，且其标准差均为零，说明该算法性能稳定，鲁棒性强，不易陷入局部极值。从各项对比指标上看，BBA和BFA算法性能相当，且这两种算法均因陷入局部极值而未能找到全局最优解。此外，随着问题维数的增加，各对比算法的运行耗时都相应地增加了：BBA算法耗时增加最快，其次是IBFA，最后是BFA。从最小迭代次数、最大迭代次数和平均迭代次数上看，问题维数的变化（提高）对IBFA算法收敛速度的影响不大，对于这六个高维问题，该算法最多只需要23次迭代就能找到最优解。

图8-1～图8-6展示的是BBA、BFA和IBFA算法连续运行50次的平均进化曲线。从图中可以看出，IBFA算法的收敛速度很快，仅需20次左右的迭代就能收敛到最优

值，而 BBA 和 BFA 算法经历 500 次迭代后仍未能收敛到稳定值。

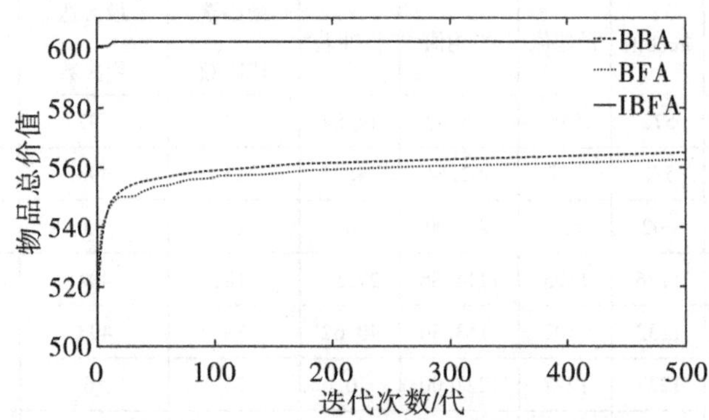

图 8-1　KP01(100 维)问题平均进化曲线

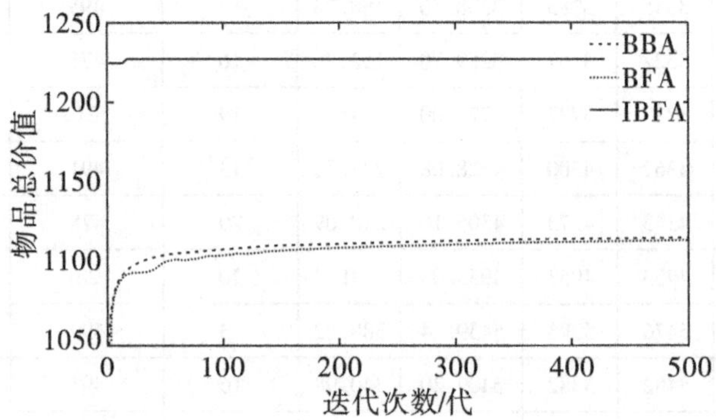

图 8-2　KP02(200 维)问题平均进化曲线

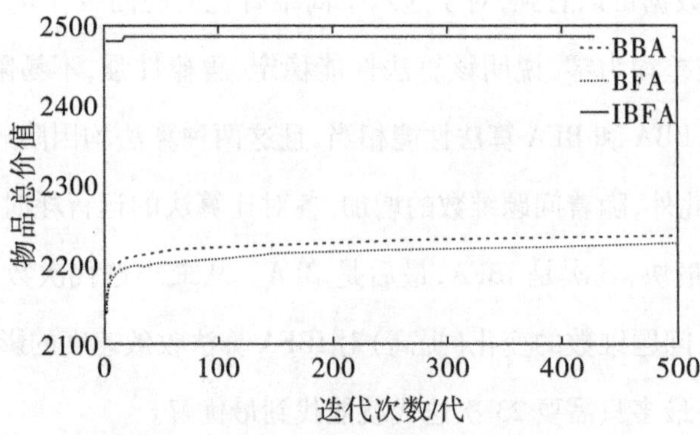

图 8-3　KP03(400 维)问题平均进化曲线

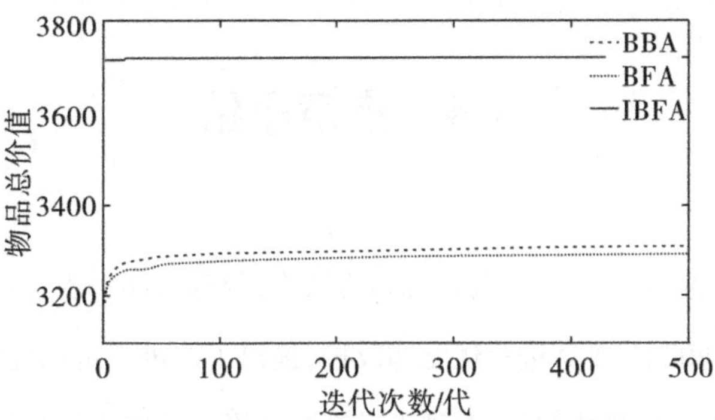

图 8-4　KP04(600 维)问题平均进化曲线

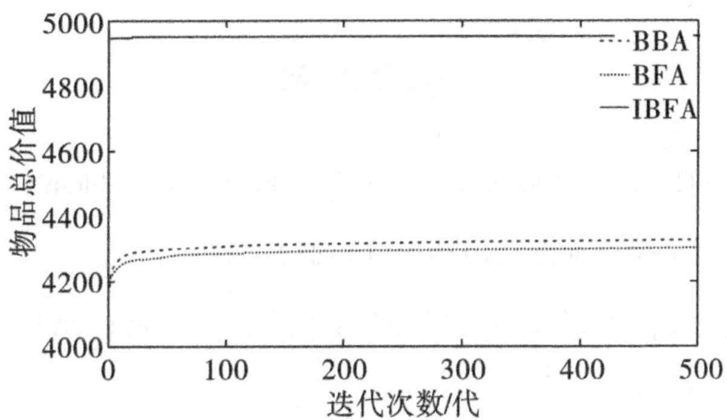

图 8-5　KP05(800 维)问题平均进化曲线

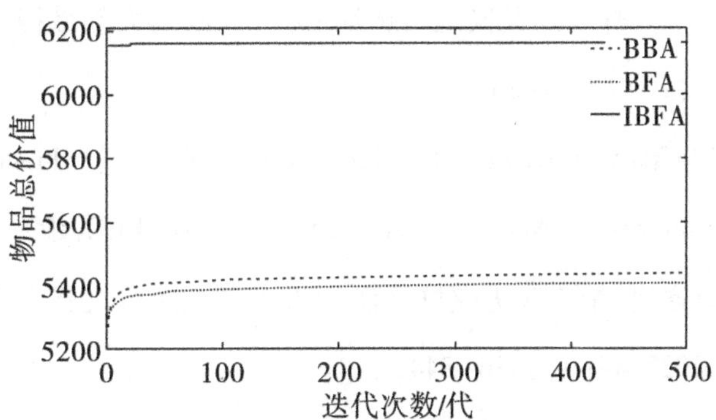

图 8-6　KP06(1000 维)问题平均进化曲线

8.4　本章小结

为求解 0-1 背包问题，本章首先对捕鱼算法进行修改，即引入二进制编码、提出二进制捕鱼算法，在此基础上，对其进行优化和改进，提出了改进二进制捕鱼算法。数值实验结果表明，与其他群智能算法相比，改进二进制捕鱼算法具有收敛速度快、全局搜索能力强、求解结果稳定、鲁棒性好等优点。特别是对于高维背包问题，与经典二进制蝙蝠算法相比，改进二进制捕鱼算法在综合性能上表现出明显的优势。

参考文献

[1] FAYARD D, PLATEAU G. Resolution of the 0-1 knapsack problem comparison of methods [J]. Mathematical Programming, 1975, 8(1): 272-307.

[2] 陈桢，钟一文，林娟. 求解 0-1 背包问题的混合贪婪遗传算法[J]. 计算机应用，2021, 41(1): 87-94.

[3] 刘生建，杨艳，周永权. 求解 0-1 背包问题的二进制狮群算法[J]. 计算机工程与科学，2019, 41(11): 2079-2087.

[4] 李珍萍，赵雨薇，张煜炜，等. 共同配送选址-路径问题及大邻域搜索算法[J]. 系统仿真学报，2021, 33(10): 2518-2531.

[5] KENNEDY J, EBERHART R. Particle swarm optimization[C]//Proceedings of the 1995 International Conference on Neural Networks. Piscataway: IEEE, 1995: 1942-1948.

[6] 刘雨青，向军，曹守启. 基于改进蚁群算法的水下自主航行机器人路径规划[J]. 计算机工程与科学，2022, 44(3): 536-544.

[7] FENG Y, WANG G, GAO X. A noval hybrid cuckoo search algorithm with global harmony search for 0-1 knapsack problems[J]. International Journal of Computational Intelligence Systems, 2016, 9(6): 1174-1190.

[8] MIRJALILI S, MIRJALILI S M, YANG X S. Binary bet algorithm[J]. Neural Computing

and Applications,2013,25(3-4):663-681.

[9]陈建荣,王勇.采用捕鱼策略的优化方法[J].计算机工程与应用,2009,45(9):53-56.

[10]陈建荣,陈建华.求解 TSP 问题的离散捕鱼策略优化算法[J].计算机科学,2017,44(S1):139-140,160.

[11]徐敏,戴薇.基于渔夫捕鱼优化算法的配电网络重构[J].电测与仪表,2015,52(13):43-47.

[12]梁晓龙,李祚泳,汪嘉杨.蜜蜂进化遗传与捕鱼策略相结合的优化算法[J].数学的实践与认识,2016,46(17):143-148.

[13]陈建荣,陈建华.求解绝对值方程的捕鱼算法[J].计算机时代,2022,2:72-75.

[14]郭嘉宇,付晓东,岳昆,等.偏好匹配满意度最大化的众包任务分配[J].计算机工程与科学,2022,44(1):16-26.

[15]张国辉,陆熙熙,胡一凡,等.基于改进帝国竞争算法的柔性作业车间机器故障重调度[J].计算机应用,2021,41(8):2242-2248.

第9章 离散捕鱼算法在旅行商问题中的应用

捕鱼算法[1]是受到渔夫在江面上撒网捕鱼的行为习惯启发而提出的一种群智能优化算法。该算法具有鲁棒性强、收敛速度快、优化精度高、编程实现简单等优点。近年来,在静态电压稳定裕度计算、高炉面料传感器布置、无线电频谱分配、变电站规划、无线传感器网络节点定位、微博热点话题预测、机组优化等领域[2-12],以及在算法的改进、结合等[13-20]方面得到了较为广泛的应用和研究。

目前,不管是算法的应用成果,还是理论方面的探讨,均在连续型论域下进行。为拓宽算法适用范围,以经典 NP 难的旅行商问题为例,本章提出一种离散捕鱼算法(discrete fishing strategy optimization algorithm,DFSOA)。

9.1 离散捕鱼算法

9.1.1 编码方法及问题描述

对于规模为 N 的旅行商问题(traveling salesman problem,TSP),一个可行编码可以表示为 N 个城市的全排列 $(a_1,a_2,\cdots,a_i,a_{i+1},\cdots,a_N)$,其中 a_i 为 $[1,N]$ 之间的整数,a_i 表示第 a_i 个城市位于周游路径中的第 i 个位置。

例 9-1 规模 $N=6$ 的旅行商问题,渔夫编码 $X_1=(2,4,1,3,5,6)$,则其对应的城市周游顺序为 2→4→1→3→5→6。

设 $X=(a_1,\cdots,a_i,\cdots,a_N)$，定义目标函数

$$f(X)=\mathrm{dis}(a_N,a_1)+\sum_{i=1}^{N-1}\mathrm{dis}(a_i,a_{i+1}) \tag{9-1}$$

式中，$\mathrm{dis}(a_i,a_{i+1})$ 为城市 a_i 和 a_{i+1} 间的距离。

那么，旅行商问题的最优解可以描述为，寻找一个可行的城市全排列序列 $X=(a_1^*,a_2^*,\cdots,a_i^*,a_{i+1}^*,\cdots,a_N^*)$，使得根据城市顺序 $a_1^*\to a_2^*\to\cdots\to a_i^*\to a_{i+1}^*\to\cdots\to a_N^*$ 计算周游路径时得到长度最短的路径值，即 $\min f(X)$。

9.1.2　相关定义

定义 9-1　给定序列 $X=(a_1,a_2,\cdots a_i,a_{i+1},\cdots,a_N)$ 和 $X^*=(a_1^*,a_2^*,\cdots a_i^*,a_{i+1}^*,\cdots,a_N^*)$。把 X 与 X^* 中处于相同位置的元素进行比较，若 $a_i=a_i^*$，则令 $t_i=0$，否则 $t_i=1$。将对比结果依次记入序列 $T=(t_1,t_2,\cdots t_i,t_{i+1},\cdots,t_N)$，则称 T 中非零元素的下标组成的集合 $P=\{p_j\mid p_j=i,t_i\neq 0\}$ 为 X 与 X^* 的相异集，$j=1,2,\cdots,\|T\|$，$\|T\|$ 为 T 中元素的个数。

例 9-2　序列 $X_1=(2,1,6,5,3,4)$ 和 $X_2=(4,1,6,2,3,5)$ 在第1、4、6这三个位置上有不同的元素，则其相异集为 $P=\{1,4,6\}$。

定义 9-2　若 X_1 和 X_2 两序列的相异集为 P，称 $\|P\|$ 为 X_1 和 X_2 间的距离，记作 $d(X_1,X_2)$。$\|P\|$ 为 P 中元素的个数。

例 9-3　若序列 X_1、X_2 的相异集 $P=\{1,4,6\}$，那么两序列间的距离 $d(X_1,X_2)=3$。

定义 9-3　设 $X=(a_1,a_2,\cdots,a_i,a_{i+1},\cdots,a_j,a_{j+1},\cdots,a_N)$，其中正整数 i 和 j 满足 $1\leqslant i\leqslant j\leqslant N$。将 X 中第 i 个和第 j 个元素交换，即 a_i 和 a_j 两个元素交换，称为一次交换操作。若 i 和 j 通过随机方式产生，那么该交换操作称为一次随机交换操作。

9.1.3　搜索策略

设 k 渔夫初始位置 $X_{k_0}=(a_1^{k_0},a_2^{k_0},\cdots,a_i^{k_0},a_{i+1}^{k_0},\cdots,a_N^{k_0})$，以当前位置为“中心”，$L$ 为半径的撒网点集为

$$\Omega_k=\{X_{k_j}=(a_1^{k_j},a_2^{k_j},\cdots,a_i^{k_j},a_{i+1}^{k_j},\cdots,a_N^{k_j})\mid j=1,2,\cdots,M\} \tag{9-2}$$

式中,每一个 X_{k_j} 均由 X_{k_0} 经过 L 次随机交换操作得到;$a_i^{k_j}$ 表示编号为 $a_i^{k_j}$ 的城市排在序列中的第 i 个位置;撒网次数 M 和撒网半径 L 均为给定的正整数。

(1) 移动搜索

若 $f(X')=\min\limits_{X_{k_j}\in\Omega_k} f(X_{k_j}) < f(X_{k_0}), j=1,2,\cdots,M$,则 k 渔夫位置从 X_{k_0} 移动到 X',并以 X' 为新的"中心",根据式(9-2)重新构造撒网点集 Ω_k'。

(2) 收缩搜索

若 $f(X')=\min\limits_{X_{k_j}\in\Omega_k} f(X_{k_j}) \geq f(X_{k_0}), j=1,2,\cdots,M$,则 k 渔夫停留在 X_{k_0} 处,以 $L'=[\alpha L]$ 为撒网半径,根据式(9-2)重新构造撒网点集 Ω_k'。

(3) 沿途搜索

若经过 C 次连续的收缩搜索,但 k 渔夫仍停留在 X_{k_0} 处,且当前群体最优 $X^* \neq X_{k_0}, d(X^*, X_{k_0}) > L$。那么构造 X_{k_0} 和 X^* 的相异集 P,在 P 中随机选出一个元素 p_g,然后在 X_{k_0} 中寻找与 a^* 相等的元素 $a_{p_h}^{k_0}$,a^* 为 X^* 中第 p_g 个元素,接着将 X_{k_0} 中的两个元素 $a_{p_g}^{k_0}$ 与 $a_{p_h}^{k_0}$ 交换,得到 X_{k_0}'。重新构造 X_{k_0}' 和 X^* 的相异集 P',并重复上述交换操作,直到满足 $d(X^*, X_{k_0}')=d(X^*, X_{k_0})-L$,$X_{k_0}'$ 为每一次交换操作结束时 k 渔夫的位置。最后,根据式(9-2)重新构造撒网点集 Ω_k'。

(4) 加速搜索

若 k 渔夫不满足执行上述三种搜索策略的条件,则对其进行随机初始化,并根据式(9-2)重新构造撒网点集 Ω_k'。

9.1.4 算法流程

算法设置有群体公告板 G_best,输入参数有:渔夫总数 k,步长 L,收缩系数 α,连续收缩操作次数最大阈值 C,迭代次数最大阈值 N。

算法搜索步骤:

步骤1:随机初始化 k 个渔夫。

步骤2:若算法迭代次数达到 N,则输出最优解及最优值。

步骤3:根据当前渔夫状态,执行相应的搜索策略(移动搜索、收缩搜索、沿途搜索和加速搜索)。

步骤 4:若找到更优值,则更新 G_best。转步骤 2。

主程序伪代码如下。

```
function [G_best,gen,time]=DSFOA(K,L,m,alfa,C,N)
city=[16.47,16.47,20.09,22.39,25.23,22,20.47,17.2,16.3,14.05,16.53,
21.52,19.41,20.09;96.1,94.44,92.54,93.37,97.24,96.05,97.02,96.29,97.38,
98.12,97.38,95.59,97.13,94.55];
citynum=size(city,2);
cnum=citynum+1;
citydist=zeros(citynum);
for i=1:citynum
    for j=i+1:citynum
        citydist(i,j)=distance(city(:,i),city(:,j));
        citydist(j,i)=citydist(i,j);
    end
end
time=cputime;
fisher=zeros(cnum*K,m+2);
for i=1:K
    fisher(cnum*i-citynum:cnum*i-1,m+1)=randperm(citynum);
    fisher(cnum*i-citynum,m+2)=L;
    fisher(cnum*i-citynum:cnum*i-1,1:m)=create(fisher(cnum*i-citynum:
cnum*i-1,m+1:m+2),citynum,m);
    fisher(cnum*i-citynum+2:cnum*i,m+2)=nan;
    fisher(cnum*i,1:m+1)=food(fisher(cnum*i-citynum:cnum*i-1,1:m+1),
citydist);
end
```

```
G_best=fisher(1:cnum,1);
plt=[1;G_best(end,1)];
tsplt=zeros(2,1);
gen=1;
n=0;
k=1;
while n<=N
    n=n+1;
    for i=1:K
        [minf,ind]=min(fisher(cnum*i,1:m));
        if minf<fisher(cnum*i,m+1)
            fisher(cnum*i-citynum:cnum*i-1,m+1)=fisher(cnum*i-citynum:cnum*i-1,ind);
            fisher(cnum*i-citynum:cnum*i-1,1:m)=create(fisher(cnum*i-citynum:cnum*i-1,m+1:m+2),citynum,m);
            fisher(cnum*i,1:m+1)=food(fisher(cnum*i-citynum:cnum*i-1,1:m+1),citydist);
            fisher(cnum*i-citynum+1,m+2)=0;
        elseif fisher(cnum*i-citynum+1,m+2)<C
            if fisher(cnum*i-citynum,m+2)>2
                fisher(cnum*i-citynum,m+2)=fisher(cnum*i-citynum,m+2)*alfa;
            end
            fisher(cnum*i-citynum:cnum*i-1,1:m)=create(fisher(cnum*i-citynum:cnum*i-1,m+1:m+2),citynum,m);
            fisher(cnum*i,1:m+1)=food(fisher(cnum*i-citynum:cnum*i-1,1:m+1),citydist);
```

```
            fisher(cnum*i-citynum+1,m+2)=fisher(cnum*i-citynum+1,m+2)+1;
        elseif fisher(cnum*i-citynum+1,m+2)==C
            if sum(fisher(cnum*i-citynum:cnum*i-1,m+1) ~=G_best(1:end-1,1))>2
                fisher(cnum*i-citynum,m+2)=L;
                fisher(cnum*i-citynum:cnum*i-1,m+1)=moveto(fisher(cnum*i-citynum:cnum*i-1,m+1),G_best(1:end-1,1),L);
                fisher(cnum*i-citynum:cnum*i-1,1:m)=create(fisher(cnum*i-citynum:cnum*i-1,m+1:m+2),citynum,m);
                fisher(cnum*i,1:m+1)=food(fisher(cnum*i-citynum:cnum*i-1,1:m+1),citydist);
            else
                fisher(cnum*i-citynum+1,m+2)=C+1;
            end
        else
            fisher(cnum*i-citynum:cnum*i-1,m+1)=randperm(citynum);
            fisher(cnum*i-citynum:cnum*i-citynum+1,m+2)=[L;0];
            fisher(cnum*i-citynum:cnum*i-1,1:m)=create(fisher(cnum*i-citynum:cnum*i-1,m+1:m+2),citynum,m);
            fisher(cnum*i,1:m+1)=food(fisher(cnum*i-citynum:cnum*i-1,1:m+1),citydist);
        end
        if fisher(cnum*i,m+1)<G_best(end,1)
            G_best=fisher(cnum*i-citynum:cnum*i,m+1);
            gen=n;
        end
```

```
        end
        k=k+1;
        plt(:,k)=[n;G_best(end,1)];
    end
    time=cputime-time;
    plot(plt(1,:),plt(2,:))
    tsp=[G_best(1:end-1,1);G_best(1,1)]';
    for i=1:size(tsp,2)
      tsplt(:,i)=city(:,tsp(1,i));
    end
    plot(tsplt(1,:),tsplt(2,:),'-*')
```

9.2 实验结果及分析

9.2.1 实验环境与参数设置

实验环境为 Intel Core i7-4790K CPU @4.00GHz,16GB 内存,Windows10 64bit 操作系统,仿真软件为 MATLAB 2015b。

为测试算法收敛性和稳定性,消除算法参数、初始值和随机性对算法的影响,本章采用如下方法:①算法独立运行 50 次,以这 50 次运行的平均值作为最终测试结果。②每次运行时,均采用 MATLAB 的随机函数对渔夫个体编码进行初始化。③将所有算例中算法参数统一设置为:渔夫总数 $k=20$,撒网半径 $L=10$,撒网次数 $M=50$,收缩系数 $\alpha=0.5$,收缩搜索阈值 $C=10$,最大迭代次数 $N=1000$。

9.2.2 算例及结果分析

为验证算法性能,在 TSPLIB 测试库中选取 Burma14、Ulysses16 和 Ulysses22 三个算

例。DFSOA 算法的实验结果见表 9-1,收敛曲线和求得的最优路径见图 9-1 ~ 图 9-6。

表 9-1 实验结果

算例	TSPLIB 提供的最优路径长度	最优值	最差值	平均值	标准差	平均迭代次数	收敛比例	运行时间/s
Burma14	—	30.878504	30.878504	30.878504	0	106	50/50	3.42
Ulysses16	74.108736	73.987618	73.987618	73.987618	0	131	50/50	3.53
Ulysses22	75.665149	75.309701	75.309701	75.309701	0	357	50/50	3.95

注:"—"表示原文未给出数据。

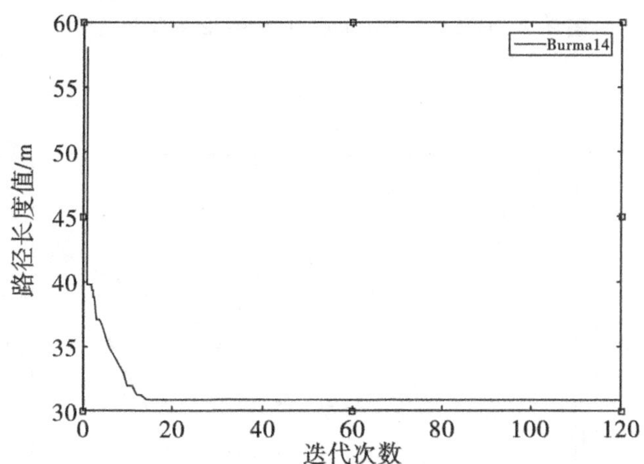

图 9-1 DFSOA 算法求解 Burma14 的收敛曲线

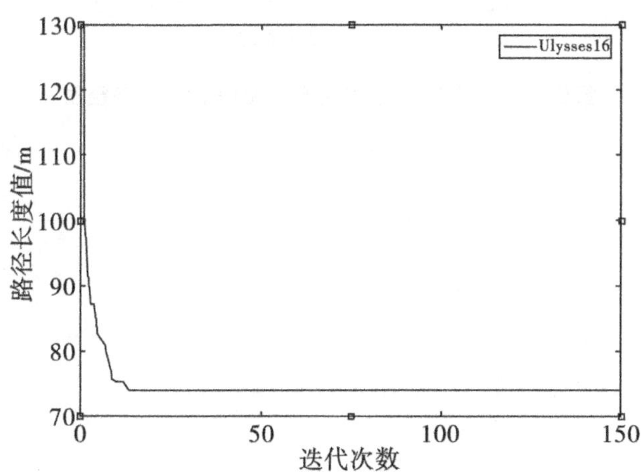

图 9-2 DFSOA 算法求解 Ulysses16 的收敛曲线

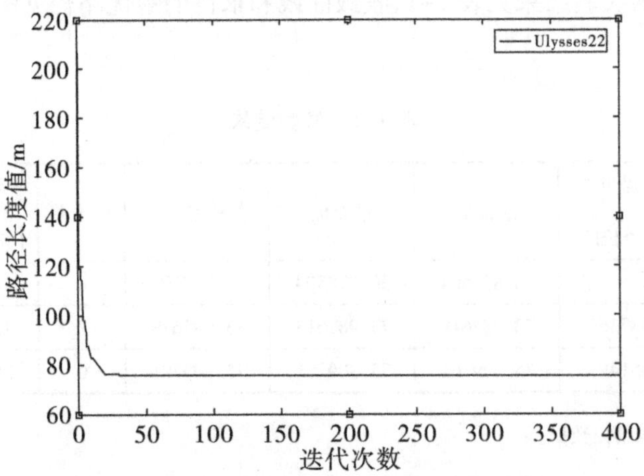

图 9-3　DFSOA 算法求解 Ulysses22 的收敛曲线

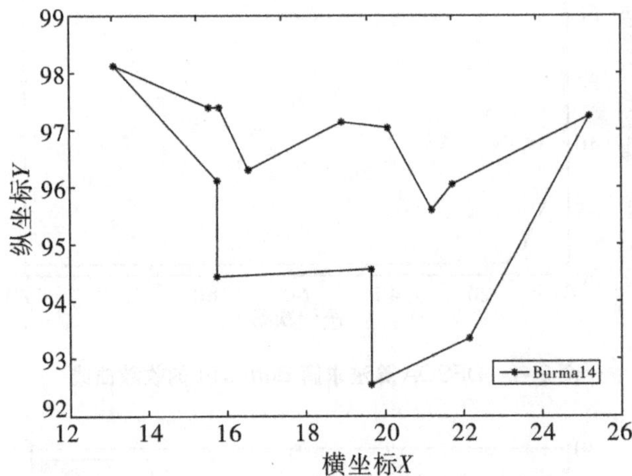

图 9-4　DFSOA 算法优化 Burma14 的最优路径图

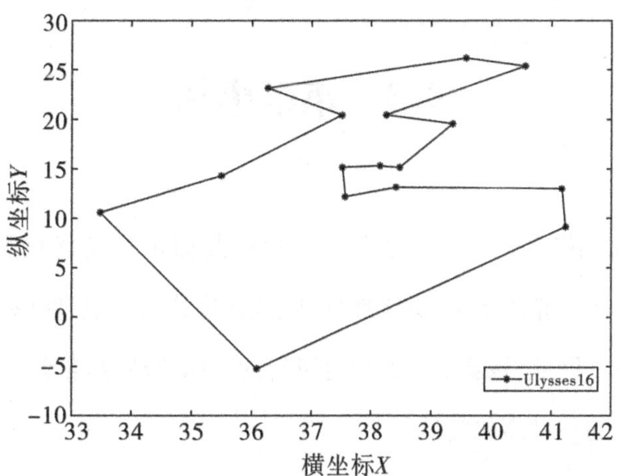

图 9-5　DFSOA 算法优化 Ulysses16 的最优路径图

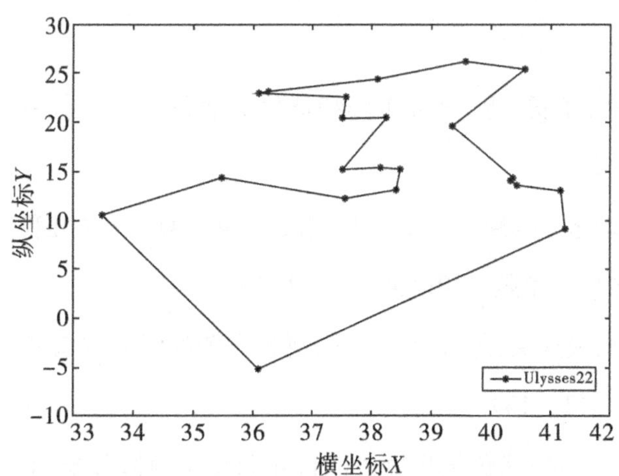

图 9-6　DFSOA 算法优化 Ulysses22 的最优路径图

由实验结果及收敛曲线图可得出：①DFSOA 算法求解精度高，对 Ulysses16 和 Ulysses22 算例的求解结果均优于 TSPLIB 测试库中提供的最优路径长度（Burma14 因 TSPLIB 未提供最优路径长度而无法比较）。②从平均值、标准差和收敛比例可以看出，DFSOA 算法稳定性好，每次都能收敛到最优解。③DFSOA 算法收敛速度快，求解算例最优路径的平均耗时不超过 4 s。

9.3 本章小结

以求解旅行商问题为例,本章提出了一种离散捕鱼策略优化算法。实验结果表明,DFSOA算法具有求解精度高、稳定性好、收敛速度快的优点,能够在可接受的时间内求得问题的最优解。因此,该算法是有效且可行的。DFSOA算法是将捕鱼策略优化算法应用于离散域优化的一种新的尝试。

参考文献

[1]陈建荣,王勇.采用捕鱼策略的优化方法[J].计算机工程与应用,2009,45(9):53-56.

[2]陈建荣,陈建华,王勇,等.求解矩阵特征值的捕鱼算法[J].计算机工程与应用,2012,48(20):55-59.

[3]李娟,刘海龙.动态连续潮流与改进捕鱼算法结合计算静态电压稳定裕度[J].华北电力大学学报(自然科学版),2013,40(3):11-16.

[4]苗亮亮,陈先中,侯庆文,等.高炉料面传感器布置的混沌捕鱼策略[J].仪器仪表学报,2014,35(1):132-139.

[5]项响琴,张沪寅.渔夫捕鱼优化算法的认知无线电频谱分配[J].计算机工程与应用,2014,50(6):72-76.

[6]王泽黎.基于小生境渔夫捕鱼算法的变电站规划[J].电力系统保护与控制,2014(16):84-88.

[7]王英彦,曾瑞.基于改进单锚节点的无线传感器网络节点定位算法[J].激光杂志,2014(12):128-131.

[8]姬建新.捕鱼算法优化核极限学习机的微博热点话题预测[J].激光杂志,2015(1):128-131.

[9]潘长森,王小亭,梁晓龙.基于支持向量机的水资源预测模型[J].成都信息工程学院

学报,2015(1):59-62.

[10]张凤梅,邹丽.捕鱼算法优化支持向量机的视频检索模型[J].计算机与数字工程,2015(2):264-268.

[11]徐敏,戴薇.基于渔夫捕鱼优化算法的配电网络重构[J].电测与仪表,2015(13):43-47.

[12]谢怡文,赵刚.基于改进单锚节点的无线传感器网络节点定位算法[J].计算机应用与软件,2015(11):148-150.

[13]庞兴,王勇.一种采用动态策略的模拟捕鱼优化方法[J].山东大学学报(工学版),2010,40(3):19-25.

[14] WANG Y, HE D N, GUAN Y J, et al. An improving FSOA optimization by using orthogonal transform [C]//Proceedings of the International Conference on Electronic Commerce, Web Application, and Communication, 2011:63-69.

[15]陈建荣,陈建华,王勇.一种改进的模拟捕鱼寻优算法[J].计算机工程与应用,2011,47(34):47-50.

[16]李景洋,王勇,路闯.具有认知能力的捕鱼策略优化算法[J].计算机应用研究,2013,30(1):124-126.

[17]李景洋,王勇,李春雷.自调整的捕鱼策略优化算法[J].计算机工程与科学,2014,36(5):923-928.

[18]庞兴,王勇.PSO 与捕鱼策略相结合的优化方法[J].计算机工程与应用,2011,47(8):36-50.

[19]陈建荣,王勇.一种人工鱼算法与捕鱼算法相结合的优化方法[J].计算机应用与软件,2011,28(4):196-199.

[20]梁晓龙,李祚泳,汪嘉杨.蜜蜂进化遗传与捕鱼策略相结合的优化算法[J].数学的实践与认识,2016(17):143-148.

第10章　捕鱼算法和人工鱼群算法的结合与应用

工程技术领域的许多问题求解都可归结为优化问题，而这些优化问题中常常包含大规模、多约束、非线性、多目标等复杂的因素，因而寻求一种适合于复杂问题的全局优化算法已经成为相关学科的主要研究目标之一。为了解决工程技术中的各种复杂优化问题，国内外许多学者提出了各种各样的优化技术或算法，包括基于梯度的算法、Holland[1]提出的遗传算法、Kennedy 等[2]提出的微粒群优化算法、Theraulaz 等[3,4]提出的蜂群算法以及 Eusuffm 提出的混合蛙跳算法[5]等。这些算法具有不依赖函数性态、适用范围广和鲁棒性强等优点，但也存在诸如收敛速度慢、早熟、优化结果不够理想等缺点。

文献[6]提出了人工鱼群算法(artificial fish swarm algorithm，AFSA)，该算法具有良好的搜索全局极值的能力、对初值和参数选择不敏感、鲁棒性强等优点，同时也存在着一些缺点，如算法一般在优化初期收敛较快，而后期收敛较慢的缺点；算法获取的一般不是精确解而仅仅是满意解域[所谓满意解域即全局极值域。若全局极值为 $\boldsymbol{X}^*$，给定解的误差限为 ε ($\varepsilon>0$)，则满意解域 S 为 $\|\boldsymbol{X}-\boldsymbol{X}^*\|\leqslant\varepsilon$，满足 $\|\boldsymbol{X}-\boldsymbol{X}^*\|\leqslant\varepsilon$ 的解 $\boldsymbol{X}$ 为满意解]。针对这些不足，不少学者对基本人工鱼群算法进行了改进。例如，文献[7]在算法的后期引入模拟退火算法，用模拟退火算法对由人工鱼群算法获取的满意解域进行局部搜索，以期搜索到全局最优解；文献[8]则把网络划分策略和禁忌搜索算法与基本人工鱼群算法相结合，提高了优化精度，但同时也增加了算法的时间复杂度。

文献[9]提出了捕鱼算法，该算法具有较好的全局搜索能力、对初值选择不敏感、优化精度高、算法后期收敛速度快等特点，但该算法也存在算法性能不够稳定、优化初期收敛较慢等缺点。

针对 FSOA 算法的不足之处,本章提出了一种 AFSA 与 FSOA 相结合的混合算法。该算法既可克服 AFSA 算法后期收敛较慢的缺点,又可克服 FSOA 算法在优化初期收敛较慢的缺点。该算法的思路如下:首先利用 AFSA 算法搜索目标空间中的局部最优域,然后再利用 FSOA 算法在前期确定的局部最优域中搜寻精确解或最优解。通过对一些典型的复杂函数进行全局优化测试,表明该优化算法具有收敛速度快、优化精度高的特点。

10.1　FSOA 与 AFSA 相结合算法

10.1.1　人工鱼群算法

人工鱼群算法的主要原理是模拟自然界中鱼的觅食、聚群和追尾行为以及鱼群之间的相互协作,从而达到全局寻优的目的。

设在一个 n 维目标搜索空间 D 中,有 n 条人工鱼(即人工鱼群规模为 n),第 i 条人工鱼的状态可表示为 $\boldsymbol{X}^{(i)}=(x_1^{(i)},x_2^{(i)},\cdots,x_d^{(i)})\in D$, $i=1,2,\cdots,n$ 。人工鱼当前所处位置的食物浓度 $Y=f(\boldsymbol{X})$ 视为一个潜在的最优解,其中 Y 为目标函数。人工鱼状态的更新主要是通过觅食、聚群及追尾三种行为来实现的。具体的行为描述如下:

(1)觅食行为:指个体鱼循着食物多的方向游动的一种行为。人工鱼 $\boldsymbol{X}^{(i)}$ 在其视野内随机选择一个状态 $\boldsymbol{X}^{(j)}$,分别计算它们的目标函数值并进行比较,若发现比当前状态 $\boldsymbol{X}^{(i)}$ 更优,则 $\boldsymbol{X}^{(i)}$ 向 $\boldsymbol{X}^{(j)}$ 方向移动一步,使得 $\boldsymbol{X}^{(i)}$ 到达一个新的较好的状态;否则, $\boldsymbol{X}^{(i)}$ 继续在其视野范围内重新随机选择状态 $\boldsymbol{X}^{(j)}$,判断是否满足前进条件。反复尝试几次后,如果仍没有找到更优的状态,则随机移动一步,使得 $\boldsymbol{X}^{(i)}$ 到达一个新的状态。

(2)聚群行为:指每条鱼在游动过程中尽量向邻近伙伴的中心移动并避免过分拥挤的一种寻优行为。人工鱼 $\boldsymbol{X}^{(i)}$ 搜索其视野内的伙伴数目及中心位置,若伙伴中心位置状态较优且不太拥挤,则 $\boldsymbol{X}^{(i)}$ 朝伙伴的中心位置方向移动一步,否则执行觅食行为。

(3)追尾行为:指鱼向其视野范围内的最优方向移动的一种行为。人工鱼 $\boldsymbol{X}^{(i)}$ 搜索其视野范围内的伙伴中函数值最优的伙伴,若最优伙伴的状态比 $\boldsymbol{X}^{(i)}$ 更优,且最优伙伴的周围又不太拥挤，则 $\boldsymbol{X}^{(i)}$ 朝最优伙伴的方向移动一步，否则执行觅食行为。

人工鱼群算法设有公告板。公告板是记录最优人工鱼个体状态的地方。每条人工鱼将自身当前状态与公告板中记录的状态进行比较，如果优于公告板中记录的状态，则用自身状态更新公告板中的状态，否则公告板中的状态不变。在整个算法的迭代结束后，输出公告板的值，即所求的最优值。

10.1.2　FSOA 与 AFSA 相结合的混合算法

混合算法采取的策略：算法前期使用 AFSA 算法搜索局部最优域，算法后期使用 FSOA 算法搜索最优解。即先利用 AFSA 算法搜索局部最优域，若 AFSA 算法公告板连续未更新次数达到了设定的最大值，则 AFSA 算法停止，转而使用 FSOA 算法进行优化搜索，利用 FSOA 算法在 AFSA 算法搜索到的局部最优域中搜索最优解，从而加快了算法的收敛速度。

算法描述如下：

输入：

AFSA 算法：种群规模 M，最大迭代次数 N_1，重试次数 T、视野范围 V，步长 S，拥挤度因子 δ，公告板未更新次数最大值 U_1。

FSOA 算法：步长 L，收缩系数 α，公告板未更新次数最大值 U_2，最大迭代次数 N_2。

输出：最优值 Y_m 及最优解向量 $\boldsymbol{X}_m$。

过程：

步骤 1：依据输入的参数值在搜索空间 D 中初始化人工鱼群，并评价所有个体，将最优个体状态记录到公告板，$n_1 \leftarrow 0$, $u_1 \leftarrow 0$。

步骤 2：通过觅食、聚群及追尾行为更新个体，生成新的鱼群。每条人工鱼将自身当前状态与公告板中记录的状态进行比较，如果优于公告板中记录的状态，则用自身状态更新公告板中的状态，且 $u_1 \leftarrow 0$；否则公告板的状态不变，$u_1 \leftarrow u_1 + 1$。

步骤 3：$n_1 \leftarrow n_1 + 1$。若 $u_1 \geqslant U_1$ 或 $n_1 \geqslant N_1$，则转步骤 4。否则转步骤 2。

步骤 4：将公告板中记录的状态 P 作为某渔夫的初始位置，依据参数 L 和 α 初始化，并构造点集 Ω。$n_2 \leftarrow 0$, $u_2 \leftarrow 0$。

步骤 5:依移动搜索条件或收缩搜索条件采取相应的搜索。渔夫将自己当前状态与公告板中记录的状态进行比较,若优于公告板中记录的状态,则用自身状态更新公告板中的状态,并 $u_2 \leftarrow 0$;否则公告板记录的状态不变,$u_2 \leftarrow u_2 + 1$。

步骤 6:$n_2 \leftarrow n_2 + 1$。若 $u_2 \geqslant U_2$ 或 $n_2 \geqslant N_2$,则算法停止,输出公告板记录;否则转步骤 5。

主程序伪代码如下。

```
function [max_Y,max_AF,AF_N,max_GMC,GMC_N,t] = mainGMCAFSA(M,N,unclearNum,try_num,step,visual,delta,GX,C,unF,G)
t=cputime;
X=[-100,100];
Y=[-100,100];
a=zeros(M,6);
for i=1:M
    [a(i,1),a(i,2)]=random(X,Y);
end
a(:,3)=step;
a(:,4)=visual;
a(:,5)=delta;
for j=1:M
    a(j,6)=food(a(j,1),a(j,2));
end
max_AF=a(1,:);
kk=0;
n=0;
AF_N=1;
clear_n=0;
while n<N
```

```
    n=n+1;
    for i=1:M
        a(i,:)=move(a,i,X,Y,try_num);
    end
    [max_food,num]=max(a(:,6));
    if max_food>max_AF(1,6)
        max_AF(1,:)=a(num,:);
        AF_N=n;
        clear_n=n;
        kk=kk+1;
        plot_maxY(1,kk)=max_food;
        plot_maxY(2,kk)=n;
    end
    if n-clear_n>=unclearNum
        break
    end
end
state=1;
k=0;
unF_num=0;
length_x=GX;
length_y=GX*(Y(1,2)-Y(1,1))/(X(1,2)-X(1,1));
a_grid=create_grid(max_AF(1,1),max_AF(1,2),length_x,length_y);
b_grid=calculate(a_grid);
max_Y=max(b_grid);
new_grid=[a_grid,b_grid];
max_GY=max_Y*0.1;
```

```
temp_max_GY=-inf;
max_GMC=max_AF(1,[1,2,6]);
GMC_N=0;
while unF_num<=unF && k<=G
    if k>=1
        new_a_grid=create_grid(new_grid(5,1),new_grid(5,2),length_x,length_
y);
        new_b_grid=calculate(new_a_grid);
        new_grid=[new_a_grid,new_b_grid];
    end
    while state==1 && max_GY>temp_max_GY
        temp_max_GY=max_GY;
        [max_GY,new_grid,state]=gridMove(new_grid);
    end
    temp_max_GY=-inf;
    if max_GY>max_Y
        max_Y=max_GY;
        max_GMC=new_grid(5,:);
        GMC_N=k;
        unF_num=0;
        kk=kk+1;
        plot_maxY(1,kk)=max_Y;
        plot_maxY(2,kk)=n+k;
    else
        unF_num=unF_num+1;
    end
    length_x=length_x * C;
```

```
        length_y=length_y * C;
        k=k+1;
        state=1;
    end
    t=cputime-t;
    plot(plot_maxY(2,:),plot_maxY(1,:));
```

10.2 数值实验与算法性能分析

10.2.1 测试函数

为了检验混合算法的性能,本章选取5个典型的标准测试函数来测试提出的混合算法的性能,并把混合算法与AFSA算法、GA算法[10]和GA+FLAGA算法[10]进行性能测试对比。选取的测试函数分别为:

(1)Goldstein-price 函数

$f_1=[1+(x_1+x_2+1)^2(19-14x_1+3x_1^2-14x_2+6x_1x_2+3x_2^2)]$, $h_1(x)=[30+(2x_1-3x_2)^2(18-32x_1+12x_1^2+48x_2-36x_1x_2+27x_2^2)]$, $F_1(x)=f_1(x)h_1(x)$, $x_i\in[-2,2]$,在 $(x_1,x_2)=(0,-1)$ 有最小值 $y_{\min}=3$。

(2)Six-Hump Camel Back 函数

$F_2(x)=(4-2.1x_1^2+x_1^4/3)x_1^2+x_1x_2+(-4+4x_2^2)x_2^2$, $x_1\in[-3,3]$, $x_2\in[-2,2]$,有2个全局最小值 $y_{\min}=-1.03162845348988$。

(3)Shubert 函数

$F_3(x)=\sum_{i=1}^{5}i\cos[(i+1)x_1+i]\sum_{i=1}^{5}i\cos[(i+1)x_2+i]$, $x_i\in[-10,10]$,有18个全局最小值 $y_{\min}=-186.7309088310239$。

(4) Eazom 函数

$F_4(x) = -\cos(x_1)\cos(x_2)\exp[-(x_1-\pi)^2-(x_2-\pi)^2]$, $x_i \in [-100,100]$,在 $(x_1,x_2)=(\pi,\pi)$ 有最小值 $y_{min}=-1$。

(5) Branin RCOS 函数

$F_5(x) = a\ (x_2 - bx_1^2 + cx_1 - d)^2 + e(1-f)\cos(x_1) + e$, $x_1 \in [-5,10]$, $x_2 \in [0,15]$, $a=1$, $b=5.1/(4\pi^2)$, $c=5/\pi$, $d=6$, $e=10$, $f=1/(8\pi)$,有 3 个全局最小值 $y_{min}=0.39788735772974$。

10.2.2　实验环境及参数设置

实验环境:Windows XP Home SP3、Intel Core Due T2050、2GB 内存的笔记本电脑;编程软件为 MATLAB 2008a。

算法参数设置如表 10-1 所示。

表 10-1　算法参数设置表

函数	本章算法	AFSA 算法
F_1	$M=20, N_1=100, U_1=20, T=10, S=1, V=3,$ $\delta=0.618, L=0.5, \alpha=0.5, U_2=10, N_2=100$	$M=20, N=200, T=10, S=0.03, V=0.2,$ $\delta=0.618$
F_2	$M=20, N_1=150, U_1=10, T=10, S=0.7, V=1,$ $\delta=0.618, L=0.6, \alpha=0.6, U_2=10, N_2=100$	$M=20, N=250, T=10, S=0.7, V=1,$ $\delta=0.618$
F_3	$M=20, N_1=100, U_1=10, T=10, S=0.7, V=1,$ $\delta=0.618, L=0.5, \alpha=0.6, U_2=10, N_2=100$	$M=20, N=200, T=10, S=0.7, V=1,$ $\delta=0.618$
F_4	$M=40, N_1=100, U_1=20, T=10, S=6, V=12,$ $\delta=0.618, L=0.5, \alpha=0.5, U_2=10, N_2=100$	$M=40, N=200, T=10, S=6, V=12,$ $\delta=0.618$
F_5	$M=20, N_1=100, U_1=20, T=10, S=6, V=12,$ $\delta=0.618, L=0.5, \alpha=0.5, U_2=10, N_2=100$	$M=20, N=200, T=10, S=6, V=12,$ $\delta=0.618$

本章提出的算法参数设置如下: M 为人工鱼群体规模, N_1 为 AFSA 算法迭代次数最

大值，T 为 AFSA 算法重试次数，V 为可视域，S 为步长，δ 为拥挤度因子，U_1 为 AFSA 算法的公告板未更新次数最大值，L 为 FSOA 算法的步长，α 为 FSOA 算法的收缩系数，U_2 为 FSOA 算法的公告板未更新次数最大值，N_2 为 FSOA 算法的迭代次数最大值。AFSA 算法参数设置如下：M 为人工鱼群体规模，N 为算法迭代次数最大值，T 为算法重试次数，V 为可视域，S 为步长，δ 为拥挤度因子。而 GA 算法和 GA+FLAGA 算法的具体参数设置见文献[10]。

10.2.3 算法性能评价指标及实验结果

为了说明本章提出的算法具有较好的性能，我们选择本章算法与 AFSA 算法、GA 算法[10]、GA+FLAGA 算法[10]进行性能对比，并依据文献[11]中关于算法性能的评价标准体系，选择平均函数平均最优值±标准差、成功率作为算法性能对比的评价指标。若每次运行的最终结果在全局最优值的 3% 范围内，则称该次运行为“成功运行”。成功率（succeed ratio，SR）定义如下[11]：

$$\mathrm{SR}=\frac{N_v}{N}\times 100\% \tag{10-1}$$

式中，N 为算法独立运行的总次数；N_v 为 N 次独立运行中成功运行的次数。

实验结果为各算法连续独立运行 50 次的统计结果。所得的实验结果如表 10-2 所示。

表 10-2 几种算法实验结果对比

函数	指标	本章算法	AFSA	GA+FLAGA[10]	GA[10]
F_1	t/s	0.34062500	3.09843750	N/A	N/A
	x_m	$x_1=-0.000000001248396$ $x_2=-1.000000002433221$	$x_1=0.000066768722263$ $x_2=-0.999810988115023$	$x_1=-0.00000000201111$ $x_2=-1.00000000260268$	$x_1=0.00008955011883$ $x_2=-1.00029574289856$
	f_m	3.000000000000001	3.000013828289555	2.99999999999993	3.00004555057828
	f_{aver}	2.999999999999992 ±1.0045e−27	3.113368365108146 ±0.0686	3.00000000000000	3.61845301941512
	SR	100%	100%	N/A	N/A

续表 10-2

函数	指标	本章算法	AFSA	GA+FLAGA[10]	GA[10]
F_2	t/s	0.30260417	4.97421875	N/A	N/A
	x_m	x_1 = 0.089842013133572 x_2 = − 0.712656403413353	x_1 = − 0.086394785103518 x_2 = 0.710261380918950	N/A	N/A
	f_m	− 1.031628453489878	− 1.031543533191212	N/A	N/A
	f_{aver}	− 1.03162845348988 ± 1.9892e − 31	− 0.959521898559709 ± 0.0373	− 1.03162845348226	− 1.03131046699639
	SR	100%	100%	100%	100%
F_3	t/s	0.40729167	3.61953125	N/A	N/A
	x_m	x_1 = 4.8580568813760 x_2 = − 0.8003211021400	x_1 = − 1.4272032824244 x_2 = − 0.8005342113078	N/A	N/A
	f_m	− 186.7309088310239	− 186.7207812160538	N/A	N/A
	f_{aver}	− 186.7309088310239 ± 2.4512e − 27	− 186.5761703915720 ± 0.0173	− 186.7309088006962	− 186.336281815724
	SR	100%	100%	100%	96%
F_4	t/s	2.91718750	13.41718750	N/A	N/A
	x_m	x_1 = 3.141592653708130 x_2 = 3.141592654454476	x_1 = 3.107371418589092 x_2 = 3.103134279257090	N/A	N/A
	f_m	−1	− 0.996032385946118	N/A	N/A
	f_{aver}	− 1 ± 0	− 0.940766869141309 ± 0.0036	− 0.99999999999999	− 0.60547253510119
	SR	100%	26%	100%	68%
F_5	t/s	0.56718750	3.05625000	N/A	N/A
	x_m	x_1 = 9.424777960768164 x_2 = 2.475000022765074	x_1 = 3.145603709677710 x_2 = 2.259061124511375	x_1 = 3.14159264417392 x_2 = 2.27499999403152	x_1 = 3.14308131329106 x_2 = 2.27550742848716
	f_m	0.397887357729738	0.398128770034702	0.39788735772974	0.39790077990058
	f_{aver}	0.397887357729738 ± 0	0.406381291881544 ± 4.9919e − 5	0.39788735772974	0.44450519198406
	SR	100%	100%	N/A	N/A

表 10-2 中，t 为平均运行时间，单位为 s；x_m 为找到的最优解；f_m 为找到的最优值；f_{aver} 为平均最优值±标准差。（注：GA 算法和 GA+FLAGA 算法在文献[10]中没有列出标

准差。）

从表 10-2 中可以看出：①本章算法的优化精度均比 AFSA 算法、GA 算法高，总体上比 GA+FLAGA 算法优。本章算法在每次运行中都能找到精确解，但 AFSA 和 GA 算法均未能找到精确解。②本章算法收敛速度比 AFSA 算法快。从“平均运行时间”指标上看，本章算法的运行时间都不到 AFSA 算法运行时间的一半。③本章算法稳定性强。从表 10-2 中“平均最优值±标准差”和“成功率”这两个评价指标可以看出成功率是 100%、平均最优值及标准差是最稳定的。因而，本章提出的算法性能更优。

10.3 本章小结

针对 AFSA 算法和 FSOA 算法存在的一些不足，本章提出一种把 AFSA 与 FSOA 相融合的混合算法。在优化初期使用 AFSA 算法搜索局部最优域，在优化后期使用 FSOA 算法搜索最优解或精确解。实验计算结果表明，该混合算法是有效且可行的。

参考文献

[1] HOLLAND J H. Adaptation in Nature and Artificial Systems[M]. Cambridge, MA: MIT Press, 1992.

[2] KENNEDY J, EBERHART R C, SHI Y. Swarm Intelligence[M]. San Francisco: Morgan Kaufman Publishers, 2001.

[3] THERAULAZ G, BONABEAU E, DENEUBOURG J L. Self-organization of hierarchies in animal societies : The case of the primitively eusocial wasp polistes dominulus christ[J]. Journal of Theoretical Biology, 1995, 174:313-323.

[4] THERAULAZ G, BONABEAU E, DENEUBOURG J L. Response threshold reinforcement and division of labour in insect societies[J]. The Royal Society Proceedings B, 1998, 265 (1393):327-335.

[5] EUSUFFM M, LANSEY K E. Optimization of Water Distribution Network Design Using

Shuffled Frog Leaping Algorithm [J]. Journal of Water Resources Planning and Management,2003,129(3):210-225.

[6]李晓磊,邵之江,钱积新.一种基于动物自治体的寻优模式:鱼群算法[J].系统工程理论与实践,2002,22(11):32-38.

[7]张梅凤,邵诚,甘勇,等.基于变异算子与模拟退火混合的人工鱼群优化算法[J].电子学报,2006,34(8):1381-1385.

[8]黄光球,王西邓,刘冠.基于网络划分策略的改进人工鱼群算法[J].微电子学与计算机,2007,24(7): 83-86.

[9]陈建荣,王勇.采用捕鱼策略的优化方法[J].计算机工程与应用,2009,45(9): 53-56.

[10]刘习春,喻寿益.局部快速微调遗传算法[J].计算机学报,2006,29(1): 100-105.

[11]王凌,刘波.微粒群优化与调度算法[M].北京:清华大学出版社,2008.

第 11 章　总结与展望

捕鱼算法是通过观察、总结和模拟渔夫在江面上撒网捕鱼的行为习惯而提出的一种新型群智能优化算法，它本质上属于一种随机性的并行搜索算法，具有显著的分布式和并行性特征，特别适合现代分布式计算机或通用并行计算芯片的运行。此外，该算法具有收敛速度快、鲁棒性强、求解精度高、对初值不敏感等特点，且其原理简单、易于编程实现，因而得到了较为广泛的研究与应用。

本书的前面章节已对捕鱼算法以及它的改进与结合算法的原理及应用进行了较为详细的介绍，并给出了相应的对比与分析。为便于读者在掌握和了解本书介绍的捕鱼算法相关知识和已有研究成果的基础上，更加有效地开展下一步的研究工作，下面给出该算法的未来研究方向与内容的展望，以期达到承接助力之效果。

(1)理论分析。由于捕鱼算法提出的时间不长，其数学方面的理论分析很少，且不够系统和成熟，仍然存在许多值得去研究、补充和完善的地方。例如，算法的收敛性分析、计算复杂度分析、参数的选择与设置等。

(2)改进与结合。主要是针对算法的不足去开展。例如，捕鱼算法在计算量上来说是比较高的，虽然某些改进算法能降低其计算量，但有时候会影响到算法的稳定性和求解精度。未来的研究可以考虑如何降低算法的计算量，进一步提高算法的性能。

(3)应用拓展。当前，捕鱼算法的应用主要集中在连续优化问题上，离散优化问题的研究相对较少，且已有研究多数针对维数较低的优化问题，对于高维或超高维优化问题的研究很少。将来对算法应用范围的拓展研究可以着重针对这些问题开展，并在运用当中对算法的性能做更为深入的研究与验证。

(4)硬件实现。捕鱼算法具有明显的并行性特征,很适合现代计算机硬件实现。为了进一步提高和增强算法的实用价值,未来的研究可针对算法的硬件实现展开,如设计专门的算法加速或控制芯片等。